HENRI POINCARÉ

SCIENCE ET MÉTHODE

ÉDITION DÉFINITIVE

PARIS

ERNEST FLAMMARION, ÉDITEUR
26, RUE RACINE, 26

SCIENCE
ET MÉTHODE

OEUVRES PHILOSOPHIQUES
DE
HENRI POINCARÉ

SCIENCE

ET MÉTHODE

PARIS
ERNEST FLAMMARION, ÉDITEUR
26, RUE RACINE, 26

SCIENCE ET MÉTHODE

INTRODUCTION

Je réunis ici diverses études qui se rapportent plus ou moins directement à des questions de méthodologie scientifique. La méthode scientifique consiste à observer et à expérimenter ; si le savant disposait d'un temps infini, il n'y aurait qu'à lui dire : « Regardez et regardez bien » ; mais comme il n'a pas le temps de tout regarder et surtout de tout bien regarder, et qu'il vaut mieux ne pas regarder que de mal regarder, il est nécessaire qu'il fasse un choix. La première question est donc de savoir comment il doit faire ce choix. Cette question se pose au physicien comme à l'historien ; elle se pose également au mathématicien, et les principes qui doivent les guider les uns et les autres ne sont pas sans analogie. Le savant s'y conforme instinctivement, et on peut, en réfléchissant sur ces principes, présager ce que peut être l'avenir des mathématiques.

On s'en rendra mieux compte encore si l'on observe le savant à l'œuvre, et tout d'abord il faut connaître le mécanisme psychologique de l'invention et, en particulier, celle de l'invention mathématique. L'observation des procédés de travail du mathématicien est particulièrement instructive pour le psychologue.

Dans toutes les sciences d'observation, il faut compter avec les erreurs dues aux imperfections de nos sens et de nos instruments. Heureusement, on peut admettre que, dans certaines conditions, ces erreurs se compensent en partie, de façon à disparaître dans les moyennes; cette compensation est due au hasard. Mais qu'est-ce que le hasard? Cette notion est difficile à justifier et même à définir; et pourtant ce que je viens de dire, au sujet des erreurs d'observation, montre que le savant ne peut s'en passer. Il est donc nécessaire de donner une définition aussi précise que possible de cette notion si indispensable et si insaisissable.

Ce sont là des généralités qui s'appliquent en somme à toutes les sciences; et par exemple le mécanisme de l'invention mathématique ne diffère pas sensiblement du mécanisme de l'invention en général. J'aborde ensuite des questions qui se rapportent plus particulièrement à certaines sciences spéciales et d'abord aux mathématiques pures.

Je suis obligé, dans les chapitres qui leur sont consacrés, de traiter des sujets un peu plus abstraits. Je dois d'abord parler de la notion d'espace; tout le monde sait que l'espace est relatif, ou plutôt tout le monde le dit, mais que de personnes pensent encore comme si elles le croyaient absolu; il suffit cependant de réfléchir un peu pour apercevoir à quelles contradictions elles sont exposées.

Les questions d'enseignement ont leur importance, d'abord par elles-mêmes, ensuite parce que, réfléchir sur la meilleure manière de faire pénétrer des notions nouvelles dans les cerveaux vierges, c'est en même temps réfléchir sur la façon dont ces notions ont été acquises par nos ancêtres, et par conséquent sur leur véritable origine, c'est-à-dire au fond sur leur véritable nature. Pourquoi les enfants ne comprennent-ils rien le plus souvent aux définitions qui satisfont les savants? Pourquoi faut-il leur en donner d'autres? C'est la question que je me pose dans le chapitre suivant et dont la solution pourrait, je crois, suggérer d'utiles réflexions aux philosophes qui s'occupent de la logique des sciences.

D'autre part, bien des géomètres croient qu'on peut réduire les mathématiques aux règles de la logique formelle. Des efforts inouïs ont été tentés dans ce sens; pour y parvenir, on n'a pas craint, par exemple, de renverser l'ordre historique de la genèse de nos conceptions et on a cherché à expliquer le fini par l'infini. Je crois être parvenu, pour tous ceux qui aborderont le problème sans parti pris, à montrer qu'il y a là une illusion décevante. J'espère que le lecteur comprendra l'importance de la question et me pardonnera l'aridité des pages que j'ai dû y consacrer.

Les derniers chapitres relatifs à la mécanique et à l'astronomie seront d'une lecture plus facile.

La mécanique semble sur le point de subir

une révolution complète. Les notions qui paraissaient le mieux établies sont battues en brèche par de hardis novateurs. Certainement il serait prématuré de leur donner raison dès aujourd'hui, uniquement parce que ce sont des novateurs. Mais il y a intérêt à faire connaître leurs doctrines, et c'est ce que j'ai cherché à faire. J'ai suivi le plus possible l'ordre historique ; car les nouvelles idées sembleraient trop étonnantes si on ne voyait comment elles ont pu prendre naissance.

L'astronomie nous offre des spectacles grandioses et soulève de gigantesques problèmes. On ne peut songer à leur appliquer directement la méthode expérimentale ; nos laboratoires sont trop petits. Mais l'analogie avec les phénomènes que ces laboratoires nous permettent d'atteindre peut néanmoins guider l'astronome. La Voie Lactée, par exemple, est un ensemble de Soleils dont les mouvements semblent d'abord capricieux. Mais cet ensemble ne peut-il être comparé à celui des molécules d'un gaz dont la théorie cinétique des gaz nous a fait connaître les propriétés ? C'est ainsi que, par une voie détournée, la méthode du physicien peut venir en aide à l'astronome.

Enfin, j'ai voulu faire en quelques lignes l'histoire du développement de la géodésie française; j'ai montré au prix de quels efforts persévérants, et souvent de quels dangers, les géodésiens nous ont procuré les quelques notions que nous possédons sur la figure de la Terre. Est-ce bien là une question de méthode? Oui, sans doute, cette histoire nous enseigne, en effet, de quelles précautions il faut entourer une opération scientifique sérieuse et ce qu'il faut de temps et de peine pour conquérir une décimale nouvelle.

LIVRE PREMIER

LE SAVANT ET LA SCIENCE

CHAPITRE PREMIER

Le choix des faits.

Tolstoï explique quelque part pourquoi « la Science pour la Science » est à ses yeux une conception absurde. Nous ne pouvons connaître *tous* les faits, puisque leur nombre est pratiquement infini. Il faut choisir; dès lors, pouvons-nous régler ce choix sur le simple caprice de notre curiosité; ne vaut-il pas mieux nous laisser guider par l'utilité, par nos besoins pratiques et surtout moraux; n'avons-nous pas mieux à faire que de compter le nombre des coccinelles qui existent sur notre planète?

Il est clair que le mot utilité n'a pas pour lui le sens que lui attribuent les hommes d'affaires, et derrière eux la plupart de nos contemporains. Il se soucie peu des applications de l'industrie, des merveilles de l'électricité ou de l'automobilisme qu'il regarde plutôt comme des obstacles au progrès moral; l'utile, c'est uniquement ce qui peut rendre l'homme meilleur.

Pour moi, ai-je besoin de le dire, je ne saurais me contenter ni de l'un, ni de l'autre idéal; je ne voudrais ni de cette ploutocratie avide et bornée, ni de cette démocratie vertueuse et médiocre, uniquement occupée à tendre la joue gauche, et où vivraient des sages sans curiosité qui, évitant les excès, ne mourraient pas de maladie, mais à coup sûr mourraient d'ennui. Mais cela, c'est une affaire de goût et ce n'est pas ce point que je veux discuter.

La question n'en subsiste pas moins, et elle doit retenir notre attention; si notre choix ne peut être déterminé que par le caprice ou par l'utilité immédiate, il ne peut y avoir de science pour la science, ni par conséquent de science. Cela est-il vrai? Qu'il faille faire un choix, cela n'est pas contestable; quelle que soit notre activité, les faits vont plus vite que nous, et nous ne saurions les rattraper; pendant que le savant découvre un fait, il s'en produit des milliards de milliards dans un millimètre cube de son corps. Vouloir faire tenir la nature dans la science, ce serait vouloir faire entrer le tout dans la partie.

Mais les savants croient qu'il y a une hiérarchie des faits et qu'on peut faire entre eux un choix judicieux; ils ont raison, puisque sans cela il n'y aurait pas de science et que la science existe. Il suffit d'ouvrir les yeux pour voir que les conquêtes de l'industrie qui ont enrichi tant d'hommes pratiques n'auraient jamais vu le jour si ces hommes pratiques avaient seuls existé, et s'ils n'avaient été devancés par des fous désintéressés qui sont morts pauvres, qui ne pensaient jamais à l'utile, et qui pourtant avaient un autre guide que leur caprice.

C'est que, comme l'a dit Mach, ces fous ont économisé à leurs successeurs la peine de penser. Ceux qui auraient travaillé uniquement en vue d'une application immédiate n'auraient rien laissé derrière eux et, en face d'un besoin nouveau, tout aurait été à recommencer. Or, la plupart des hommes n'aiment pas à penser et c'est peut-être un bien, puisque l'instinct les guide, et le plus souvent mieux que la raison ne guiderait une pure intelligence, toutes les fois du moins qu'ils poursuivent un but immédiat et toujours le même; mais l'instinct c'est la routine, et si la pensée ne le fécondait pas, il ne progresserait pas plus chez l'homme que chez l'abeille ou la fourmi. Il faut donc penser pour ceux qui n'aiment pas à penser et, comme ils sont nombreux, il faut que chacune de nos pensées soit aussi souvent utile que possible, et c'est pourquoi une loi sera d'autant plus précieuse qu'elle sera plus générale.

Cela nous montre comment doit se faire notre choix; les faits les plus intéressants sont ceux qui peuvent servir plusieurs fois; ce sont ceux qui ont chance de se renouveler. Nous avons eu le bonheur de naître dans un monde où il y en a. Supposons qu'au lieu de 60 éléments chimiques, nous en ayons 60 milliards, qu'ils ne soient pas les uns communs et les autres rares, mais qu'ils soient répartis uniformément. Alors, toutes les fois que nous ramasserions un nouveau caillou, il y aurait une grande probabilité pour qu'il soit formé de quelque substance inconnue; tout ce que nous saurions des autres cailloux ne vaudrait rien pour lui; devant chaque objet nouveau nous serions comme l'enfant qui vient de naître; comme lui nous ne pourrions qu'obéir à nos caprices ou à nos besoins; dans un pareil monde, il n'y aurait pas de science; peut-être la pensée et même la vie y seraient-elles impossibles, puisque l'évolution n'aurait pu y développer les instincts conservateurs. Grâce à Dieu, il n'en est pas ainsi; comme tous les bonheurs auxquels on est accoutumé, celui-là n'est pas apprécié à sa valeur. Le biologiste serait tout aussi embarrassé s'il n'y avait que des individus et pas d'espèce et si l'hérédité ne faisait pas les fils semblables aux pères.

Quels sont donc les faits qui ont chance de se renouveler? Ce sont d'abord les faits simples. Il est clair que dans un fait complexe, mille circonstances sont réunies par hasard, et qu'un hasard bien moins vraisemblable encore pourrait seul les réunir de nouveau. Mais y a-t-il des faits simples et, s'il y en a, comment les reconnaître? Qui nous dit que ce que nous croyons simple ne recouvre pas une effroyable complexité? Tout ce que nous pouvons dire, c'est que nous devons préférer les faits qui *paraissent* simples à ceux où notre œil grossier discerne des éléments dissemblables. Et alors, de deux choses l'une, ou bien cette simplicité est réelle, ou bien les éléments sont assez intimement mélangés pour ne pouvoir être distingués. Dans le premier cas, nous avons chance de rencontrer de nouveau ce même fait simple, soit dans toute sa pureté, soit entrant lui-même comme élément dans un ensemble complexe. Dans le second cas, ce mélange intime a également plus de chance de se reproduire qu'un assemblage hétérogène; le hasard sait mélanger, il ne sait pas démêler, et pour faire avec des éléments multiples un édifice bien ordonné dans lequel on distingue quelque chose, il faut le faire exprès. Il y a donc peu de chance pour qu'un assemblage où on distingue quelque chose se reproduise jamais. Il y en a beaucoup au contraire pour qu'un mélange qui semble homogène au premier coup d'œil se renouvelle plusieurs fois. Les faits qui paraissent simples, même s'ils ne le sont pas, seront donc plus facilement ramenés par le hasard.

C'est ce qui justifie la méthode instinctivement adoptée par le savant, et ce qui la justifie peut-être mieux encore, c'est que les faits fréquents nous paraissent simples, précisément parce que nous y sommes habitués.

Mais où est le fait simple? Les savants ont été le chercher aux deux extrémités, dans l'infiniment grand et dans l'infiniment petit. L'Astronome l'a trouvé parce que les distances des astres sont immenses, si grandes, que chacun d'eux n'apparaît plus que comme un point; si grandes, que les différences qualitatives s'effacent et parce qu'un point est plus simple qu'un corps qui a une forme et des qualités. Et, le Physicien, au contraire, a cherché le phénomène élémentaire en découpant fictivement les corps en cubes infiniment petits, parce que les conditions du problème, qui subissent des variations lentes et continues quand on passe d'un point du corps à l'autre, pourront être regardées comme constantes à l'intérieur de chacun de ces petits cubes. De même le Biologiste a été instinctivement porté à regarder la cellule comme plus intéressante que l'animal entier, et l'événement lui a donné raison, puisque les cellules, appartenant aux organismes les plus divers, sont plus semblables entre elles, pour qui sait reconnaître leurs ressemblances, que ne le sont ces organismes eux-mêmes. Le Sociologiste est plus embarrassé ; les éléments, qui pour lui sont les hommes, sont trop dissemblables, trop variables, trop capricieux, trop complexes eux-mêmes en un mot ; aussi, l'histoire ne recommence pas ; comment alors choisir le fait intéressant qui est celui qui recommence ; la méthode, c'est précisément le choix des faits, il faut donc se préoccuper d'abord d'imaginer une méthode, et on en a imaginé beaucoup, parce qu'aucune ne s'imposait ; chaque thèse de sociologie propose une méthode nouvelle que d'ailleurs le nouveau docteur se garde bien d'appliquer, de sorte que la sociologie est la science qui possède le plus de méthodes et le moins de résultats.

C'est donc par les faits réguliers qu'il convient de commencer ; mais dès que la règle est bien établie, dès qu'elle est hors de doute, les faits qui y sont pleinement conformes sont bientôt sans intérêt, puisqu'ils ne nous apprennent plus rien de nouveau. C'est alors l'exception qui devient importante. On cessera de rechercher les ressemblances pour s'attacher avant tout aux différences, et parmi les différences on choisira d'abord les plus accentuées, non seulement parce qu'elles seront les plus frappantes, mais parce qu'elles seront les plus instructives. Un exemple simple fera mieux comprendre ma pensée; je suppose qu'on veuille déterminer une courbe en observant quelques-uns de ses points. Le praticien qui ne se préoccuperait que de l'utilité immédiate observerait seulement les points dont il aurait besoin pour quelque objet spécial; ces points se répartiraient mal sur la courbe; il seraient accumulés dans certaines régions, rares dans d'autres, de sorte qu'il serait impossible de les relier par un trait continu, et qu'ils seraient inutilisables pour d'autres applications. Le savant procédera différemment; comme il veut étudier la courbe pour elle-même, il répartira régulièrement les points à observer et dès qu'il en connaîtra quelques-uns, il les joindra par un tracé régulier et il possédera la courbe tout entière. Mais pour cela comment va-t-il faire? S'il a déterminé un point extrême de la courbe, il ne va pas rester tout près de cette extrémité, mais il va courir d'abord à l'autre bout; après les deux extrémités le point le plus instructif sera celui du milieu, et ainsi de suite.

Ainsi, quand une règle est établie, ce que nous devons rechercher d'abord ce sont les cas où cette règle a le plus de chances d'être en défaut. De là, entre autres raisons, l'intérêt des faits astronomiques, celui du passé géologique; en allant très loin dans l'espace, ou bien très loin dans le temps, nous pouvons trouver nos règles habituelles entièrement bouleversées; et ces grands bouleversements nous aideront à mieux voir ou à mieux comprendre les petits changements qui peuvent se produire plus près de nous, dans le petit coin du monde où nous sommes appelés à vivre et à agir. Nous connaîtrons mieux ce coin pour avoir voyagé dans les pays lointains où nous n'avions rien à faire.

Mais ce que nous devons viser, c'est moins de constater les ressemblances et les différences, que de retrouver les similitudes cachées sous les divergences apparentes. Les règles particulières semblent d'abord discordantes, mais en y regardant de plus près, nous voyons en général qu'elles se ressemblent ; différentes par la matière, elles se rapprochent par la forme, par l'ordre de leurs parties. Quand nous les envisagerons de ce biais, nous les verrons s'élargir et tendre à tout embrasser. Et voilà ce qui fait le prix de certains faits qui viennent compléter un ensemble et montrer qu'il est l'image fidèle d'autres ensembles connus.

Je ne puis insister davantage, mais ces quelques mots suffisent pour montrer que le savant ne choisit pas au hasard les faits qu'il doit observer. Il ne compte pas des coccinelles, comme le dit Tolstoï parce que le nombre de ces animaux, si intéressants qu'ils soient, est sujet à de capricieuses variations. Il cherche à condenser beaucoup d'expérience et beaucoup de pensée sous un faible volume, et c'est pourquoi un petit livre de physique contient tant d'expériences passées et mille fois plus d'expé-

riences possibles dont on sait d'avance le résultat.

Mais nous n'avons encore envisagé qu'un des côtés
de la question. Le savant n'étudie pas la nature
parce que cela est utile; il l'étudie parce qu'il y
prend plaisir et il y prend plaisir parce qu'elle est
belle. Si la nature n'était pas belle, elle ne vaudrait
pas la peine d'être connue, la vie ne vaudrait pas la
peine d'être vécue. Je ne parle pas ici, bien entendu,
de cette beauté qui frappe les sens, de la beauté
des qualités et des apparences; non que j'en fasse
fi, loin de là, mais elle n'a rien à faire avec la
science; je veux parler de cette beauté plus intime
qui vient de l'ordre harmonieux des parties, et
qu'une intelligence pure peut saisir. C'est elle qui
donne un corps, un squelette pour ainsi dire aux
chatoyantes apparences qui flattent nos sens, et
sans ce support, la beauté de ces rêves fugitifs ne
serait qu'imparfaite parce qu'elle serait indécise et
toujours fuyante. Au contraire, la beauté intellectuelle se suffit à elle-même et c'est pour elle, plus
peut-être que pour le bien futur de l'humanité,
que le savant se condamne à de longs et pénibles
travaux.

C'est donc la recherche de cette beauté spéciale,
le sens de l'harmonie du monde, qui nous fait
choisir les faits les plus propres à contribuer à cette
harmonie, de même que l'artiste choisit, parmi les
traits de son modèle, ceux qui complètent le

portrait et lui donnent le caractère et la vie. Et il n'y a pas à craindre que cette préoccupation instinctive et inavouée détourne le savant de la recherche de la vérité. On peut rêver un monde harmonieux, combien le monde réel le laissera loin derrière lui ; les plus grands artistes qui furent jamais, les Grecs, s'étaient construit un ciel ; qu'il est mesquin auprès du vrai ciel, du nôtre.

Et c'est parce que la simplicité, parce que la grandeur est belle, que nous rechercherons de préférence les faits simples et les faits grandioses, que nous nous complairons tantôt à suivre la course gigantesque des astres, tantôt à scruter avec le microscope cette prodigieuse petitesse qui est aussi une grandeur, tantôt à rechercher dans les temps géologiques les traces d'un passé qui nous attire parce qu'il est lointain.

Et l'on voit que le souci du beau nous conduit aux mêmes choix que celui de l'utile. Et c'est ainsi également que cette économie de pensée, cette économie d'effort, qui est d'après Mach la tendance constante de la science, est une source de beauté en même temps qu'un avantage pratique. Les édifices que nous admirons sont ceux où l'architecte a su proportionner les moyens au but, et où les colonnes semblent porter sans effort et allègrement le poids qu'on leur a imposé, comme les gracieuses cariatides de l'Erechthéion.

D'où vient cette concordance ? Est-ce simplement

que les choses qui nous semblent belles sont celles qui s'adaptent le mieux à notre intelligence, et que par suite elles sont en même temps l'outil que cette intelligence sait le mieux manier? Ou bien y a-t-il là un jeu de l'évolution et de la sélection naturelle? Les peuples dont l'idéal était le plus conforme à leur intérêt bien entendu ont-ils exterminé les autres et pris leur place? Les uns et les autres poursuivaient leur idéal, sans se rendre compte des conséquences, mais tandis que cette recherche menait les uns à leur perte, aux autres elle donnait l'empire. On serait tenté de le croire; si les Grecs ont triomphé des barbares et si l'Europe, héritière de la pensée des Grecs, domine le monde, c'est parce que les sauvages aimaient les couleurs criardes et les sons bruyants du tambour qui n'occupaient que leurs sens, tandis que les Grecs aimaient la beauté intellectuelle qui se cache sous la beauté sensible et que c'est celle-là qui fait l'intelligence sûre et forte.

Sans doute un pareil triomphe ferait horreur à Tolstoï et il ne voudrait pas reconnaître qu'il puisse être vraiment utile. Mais cette recherche désintéressée du vrai pour sa beauté propre est saine aussi et peut rendre l'homme meilleur. Je sais bien qu'il y a des mécomptes, que le penseur n'y puise pas toujours la sérénité qu'il devrait y trouver, et même qu'il y a des savants qui ont un très mauvais caractère.

Doit-on dire pour cela qu'il faut abandonner la science et n'étudier que la morale ?

Eh quoi, pense-t-on que les moralistes eux-mêmes sont irréprochables quand ils sont descendus de leur chaire ?

CHAPITRE II

L'avenir des Mathématiques.

Pour prévoir l'avenir des mathématiques, la vraie méthode est d'étudier leur histoire et leur état présent.

N'est-ce pas là, pour nous autres mathématiciens, un procédé en quelque sorte professionnel ? Nous sommes accoutumés à *extrapoler*, ce qui est un moyen de déduire l'avenir du passé et du présent, et comme nous savons bien ce qu'il vaut, nous ne risquons pas de nous faire illusion sur la portée des résultats qu'il nous donne.

Il y a eu autrefois des prophètes de malheur. Ils répétaient volontiers que tous les problèmes susceptibles d'être résolus l'avaient été déjà, et qu'après eux il n'y aurait plus qu'à glaner. Heureusement, l'exemple du passé nous rassure. Bien des fois déjà on a cru avoir résolu tous les problèmes, ou, tout au moins, avoir fait l'inventaire de ceux qui comportent une solution. Et puis le sens du mot solution s'est élargi, les problèmes insolubles sont devenus les plus intéressants de tous et d'autres problèmes se sont posés auxquels on n'avait pas songé. Pour les Grecs, une bonne solution était celle qui n'emploie que la règle et le compas; ensuite, cela a été celle qu'on obtient par l'extraction de radicaux, puis celle où ne figurent que des fonctions algébriques ou logarithmiques. Les pessimistes se trouvaient ainsi toujours débordés, toujours forcés de reculer, de sorte qu'à présent je crois bien qu'il n'y en a plus.

Mon intention n'est donc pas de les combattre puisqu'ils sont morts; nous savons bien que les mathématiques continueront à se développer, mais il s'agit de savoir dans quel sens. On me répondra « dans tous les sens » et cela est vrai en partie; mais si cela était tout à fait vrai, cela deviendrait un peu effrayant. Nos richesses ne tarderaient pas à devenir encombrantes et leur accumulation produirait un fatras aussi impénétrable que l'était pour l'ignorant la vérité inconnue.

L'historien, le physicien lui-même, doivent faire un choix entre les faits; le cerveau du savant, qui n'est qu'un coin de l'univers, ne pourra jamais contenir l'univers tout entier; de sorte que, parmi les faits innombrables que la nature nous offre, il en est qu'on laissera de côté et d'autres qu'on retiendra. Il en est de même, *a fortiori*, en mathématiques; le mathématicien, lui non plus, ne peut conserver pêle-mêle tous les faits qui se présentent à lui ; d'autant plus que ces faits c'est lui, j'allais dire c'est son caprice, qui les crée. C'est lui qui construit de toutes pièces une combinaison nouvelle en en rapprochant les éléments ; ce n'est pas en général la nature qui la lui apporte toute faite.

Sans doute il arrive quelquefois que le mathématicien aborde un problème pour satisfaire à un besoin de la physique ; que le physicien ou l'ingénieur lui demandent de calculer un nombre en vue d'une application. Dira-t-on que, nous autres géomètres, nous devons nous borner à attendre les commandes, et, au lieu de cultiver notre science pour notre plaisir, n'avoir d'autre souci que de nous accommoder au goût de la clientèle ? Si les mathématiques n'ont d'autre objet que de venir en aide à ceux qui étudient la nature, c'est de ces derniers que nous devons attendre le mot d'ordre. Cette façon de voir est-elle légitime ? Certainement non ; si nous n'avions pas cultivé les sciences exactes pour elles-mêmes, nous n'aurions pas créé l'instrument mathématique, et le jour où serait venu le mot d'ordre du physicien, nous aurions été désarmés.

Les physiciens non plus n'attendent pas, pour étudier un phénomène, que quelque besoin urgent de la vie matérielle leur en ait fait une nécessité, et ils ont bien raison ; si les savants du XVIIIe siècle avaient délaissé l'électricité, parce qu'elle n'aurait été à leurs yeux qu'une curiosité sans intérêt pratique, nous n'aurions au xxe siècle ni télégraphie, ni électrochimie, ni électrotechnique. Les physiciens, forcés de choisir, ne sont donc pas guidés dans leur choix uniquement par l'utilité. Comment donc font-ils pour choisir entre les faits naturels? Nous l'avons expliqué dans le chapitre précédent; les faits qui les intéressent ce sont ceux qui peuvent conduire à la découverte d'une loi ; ce sont donc ceux qui sont analogues à beaucoup d'autres faits, qui ne nous apparaissent pas comme isolés, mais comme étroitement groupés avec d'autres. Le fait isolé frappe tous les yeux, ceux du vulgaire comme ceux du savant. Mais ce que le vrai physicien seul sait voir, c'est le lien qui unit plusieurs faits dont l'analogie est profonde, mais cachée. L'anecdocte de la pomme de NEWTON n'est probablement pas vraie, mais elle est symbolique ; parlons-en donc comme si elle était vraie. Eh bien, nous devons croire qu'avant NEWTON bien des hommes avaient vu tomber des pommes ; aucun n'avait rien su en conclure. Les faits seraient stériles s'il n'y avait des esprits capables de choisir entre eux en discernant ceux derrière lesquels il se cache quelque chose et de reconnaître ce qui se cache derrière, des esprits qui, sous le fait brut, sentiront l'âme du fait.

En mathématiques nous faisons tout à fait la même chose; des éléments variés dont nous disposons, nous pouvons faire sortir des millions de combinaisons différentes; mais une de ces combinaisons, tant qu'elle est isolée, est absolument dépourvue de valeur; nous nous sommes souvent donné beaucoup de peine pour la construire, mais cela ne sert absolument à rien, si ce n'est peut-être à donner un sujet de devoir pour l'enseignement secondaire. Il en sera tout autrement le jour où cette combinaison prendra place dans une classe de combinaisons analogues et où nous aurons remarqué cette analogie; nous ne serons plus en présence d'un fait, mais d'une loi. Et, ce jour-là, le véritable inventeur, ce ne sera pas l'ouvrier qui aura patiemment édifié quelques-unes de ces combinaisons, ce sera celui qui aura mis en évidence leur parenté. Le premier n'aura vu que le fait brut, l'autre seul aura senti l'âme du fait. Souvent, pour affirmer cette parenté, il lui aura suffi d'inventer un mot nouveau, et ce mot aura été créateur; l'histoire de la science nous fournirait une foule d'exemples qui sont familiers à tous.

Le célèbre philosophe viennois Mach a dit que le rôle de la Science est de produire l'économie de pensée, de même que la machine produit l'économie d'effort. Et cela est très juste. Le sauvage calcule avec ses doigts ou en assemblant de petits cailloux. En apprenant aux enfants la table de multiplication, nous leur épargnons pour plus tard d'innombrables manœuvres de cailloux. Quelqu'un autrefois a reconnu, avec des cailloux ou autrement, que 6 fois 7 font 42 et il a eu l'idée de noter le résultat, et c'est pour cela que nous n'avons pas besoin de recommencer. Celui-là n'a pas perdu son temps si même il ne calculait que pour son plaisir; son opération ne lui a pris que deux minutes, elle en aurait exigé en tout deux milliards, si un milliard d'hommes avait dû la recommencer après lui.

L'importance d'un fait se mesure donc à son rendement, c'est-à-dire à la quantité de pensée qu'elle nous permet d'économiser.

En physique, les faits à grand rendement sont ceux qui rentrent dans une loi très générale, parce qu'ils permettent d'en prévoir un très grand nombre d'autres, et il n'en est pas autrement en mathématiques. Je me suis livré à un calcul compliqué et suis arrivé péniblement à un résultat; je ne serai pas payé de ma peine si je ne suis devenu par là capable de prévoir les résultats d'autres calculs analogues et de les diriger à coup sûr en évitant les tâtonnements auxquels j'ai dû me résigner la première fois. Je n'aurai pas perdu mon temps, au contraire, si ces tâtonnements mêmes ont fini par me révéler l'analogie profonde du problème que je viens de traiter avec une classe beaucoup plus étendue d'autres problèmes; s'ils m'en ont montré à la fois les ressemblances et les différences, si en un mot ils m'ont fait entrevoir la possibilité d'une généralisation. Ce n'est pas alors un résultat nouveau que j'aurais acquis, c'est une force nouvelle.

Une formule algébrique qui nous donne la solution d'un type de problèmes numériques, pourvu que l'on remplace à la fin les lettres par des nombres, est l'exemple simple qui se présente tout d'abord à l'esprit. Grâce à elle un seul calcul algébrique nous épargne la peine de recommencer sans cesse de nouveaux calculs numériques. Mais ce n'est là qu'un exemple grossier ; tout le monde sent qu'il y a des analogies qui ne peuvent s'exprimer par une formule et qui sont les plus précieuses.

Si un résultat nouveau a du prix, c'est quand en reliant des éléments connus depuis longtemps, mais jusque-là épars et paraissant étrangers les uns aux autres, il introduit subitement l'ordre là où régnait l'apparence du désordre. Il nous permet alors de voir d'un coup d'œil chacun de ces éléments et la place qu'il occupe dans l'ensemble. Ce fait nouveau non seulement est précieux par lui-même, mais lui seul donne leur valeur à tous les faits anciens qu'il relie. Notre esprit est infirme comme le sont nos sens ; il se perdrait dans la complexité du monde si cette complexité n'était harmonieuse, il n'en verrait que les détails à la façon d'un myope et il serait forcé d'oublier chacun de ces détails avant d'examiner le suivant, parce qu'il serait incapable de tout embrasser. Les seuls faits dignes de notre attention sont ceux qui introduisent de l'ordre dans cette complexité et la rendent ainsi accessible.

Les mathématiciens attachent une grande importance à l'élégance de leurs méthodes et de leurs résultats; ce n'est pas là du pur dilettantisme. Qu'est-ce qui nous donne en effet dans une solution, dans une démonstration, le sentiment de l'élégance? C'est l'harmonie des diverses parties, leur symétrie, leur heureux balancement; c'est en un mot tout ce qui y met de l'ordre, tout ce qui leur donne de l'unité, ce qui nous permet par conséquent d'y voir clair et d'en comprendre l'ensemble en même temps que les détails. Mais, précisément, c'est là aussi ce qui lui donne un grand rendement; en effet, plus nous verrons cet ensemble clairement et d'un seul coup d'œil, mieux nous apercevrons ses analogies avec d'autres objets voisins, plus par conséquent nous aurons de chances de deviner les généralisations possibles. L'élégance peut provenir du sentiment de l'imprévu par la rencontre inattendue d'objets qu'on n'est pas accoutumé à rapprocher; là encore elle est féconde, puisqu'elle nous dévoile ainsi des parentés jusque-là méconnues; elle est féconde même quand elle ne résulte que du contraste entre la simplicité des moyens et la complexité du problème posé; elle nous fait alors réfléchir à la raison de ce contraste et le plus souvent elle nous fait voir que cette raison n'est pas le hasard et qu'elle se trouve dans quelque loi insoupçonnée. En un mot, le sentiment de l'élégance mathématique n'est autre chose que la satisfaction due à je ne sais quelle adaptation entre la solution que l'on vient de découvrir et les besoins de notre esprit, et c'est à cause de cette adaptation même que cette solution peut être pour nous un instrument. Cette satisfaction esthétique est par suite liée à l'économie de pensée. C'est encore la comparaison de l'Erechthéion qui me vient à l'esprit, mais je ne veux pas la resservir trop souvent.

C'est pour la même raison que, quand un calcul un peu long nous a conduits à quelque résultat simple et frappant, nous ne sommes pas satisfaits tant que nous n'avons pas montré que nous aurions *pu prévoir*, sinon ce résultat tout entier, du moins ses traits les plus caractéristiques. Pourquoi? Qu'est-ce qui nous empêche de nous contenter d'un calcul qui nous a appris, semble-t-il, tout ce que nous désirions savoir? C'est parce que, dans des cas analogues, le long calcul ne pourrait pas resservir, et qu'il n'en est pas de même du raisonnement souvent à demi intuitif qui aurait pu nous permettre de prévoir. Ce raisonnement étant court, on en voit d'un seul coup toutes les parties, de sorte qu'on aperçoit immédiatement ce qu'il y faut changer pour l'adapter à tous les problèmes de même nature qui peuvent se présenter. Et puisqu'il nous permet de prévoir si la solution de ces problèmes sera simple, il nous montre tout au moins si le calcul mérite d'être entrepris.

Ce que nous venons de dire suffit pour montrer combien il serait vain de chercher à remplacer par un procédé mécanique quelconque la libre initiative du mathématicien. Pour obtenir un résultat qui ait une valeur réelle, il ne suffit pas de moudre des calculs ou d'avoir une machine à mettre les choses en ordre; ce n'est pas seulement l'ordre, c'est l'ordre inattendu qui vaut quelque chose. La machine peut mordre sur le fait brut, l'âme du fait lui échappera toujours.

Depuis le milieu du siècle dernier, les mathématiciens sont de plus en plus soucieux d'atteindre à l'absolue rigueur; ils ont bien raison et cette tendance s'accentuera de plus en plus. En mathématiques la rigueur n'est pas tout, mais sans elle il n'y a rien; une démonstration qui n'est pas rigoureuse, c'est le néant. Je crois que personne ne contestera cette vérité. Mais si on la prenait trop à la lettre, on serait amené à conclure qu'avant 1820, par exemple, il n'y avait pas de mathématiques; ce serait manifestement excessif; les géomètres de ce temps sous-entendaient volontiers ce que nous expliquons par de prolixes discours; cela ne veut pas dire qu'ils ne le voyaient pas du tout; mais ils passaient là-dessus trop rapidement, et pour le bien voir, il aurait fallu qu'ils prissent la peine de le dire.

Seulement est-il toujours nécessaire de le dire tant de fois; ceux qui les premiers se sont préoccupés avant tout de la rigueur nous ont donné des raisonnements que nous pouvons essayer d'imiter; mais si les démonstrations de l'avenir doivent être bâties sur ce modèle, les traités de mathématiques

vont devenir bien longs ; et si je crains les longueurs, ce n'est pas seulement parce que je redoute
l'encombrement des bibliothèques, mais parce que
je crains qu'en s'allongeant, nos démonstrations
perdent cette apparence d'harmonie dont j'ai expliqué tout à l'heure le rôle utile.

C'est à l'économie de pensée que l'on doit viser,
ce n'est donc pas assez de donner des modèles à
imiter. Il faut qu'on puisse après nous se passer de
ces modèles et, au lieu de répéter un raisonnement
déjà fait, le résumer en quelques lignes. Et c'est à
quoi l'on a déjà réussi quelquefois ; par exemple il
y avait tout un type de raisonnements qui se res-
semblaient tous et qu'on retrouvait partout ; ils
étaient parfaitement rigoureux, mais ils étaient
longs. Un jour on a imaginé le mot d'uniformité de
la convergence et ce mot seul les a rendus inutiles ;
on n'a plus eu besoin de les répéter puisqu'on pouvait les sous-entendre. Les coupeurs de difficultés
en quatre peuvent donc nous rendre un double
service ; c'est d'abord de nous apprendre à faire
comme eux au besoin, mais c'est surtout de nous
permettre le plus souvent possible de ne pas faire
comme eux, sans pourtant rien sacrifier de la
rigueur.

Nous venons de voir par un exemple quelle est
l'importance des mots en mathématiques, mais
j'en pourrais citer beaucoup d'autres. On ne saurait
croire combien un mot bien choisi peut économiser

de pensée, comme disait Mach. Je ne sais si je n'ai pas déjà dit quelque part que la mathématique est l'art de donner le même nom à des choses différentes. Il convient que ces choses, différentes par la matière, soient semblables par la forme, qu'elles puissent pour ainsi dire se couler dans le même moule. Quand le langage a été bien choisi, on est tout étonné de voir que toutes les démonstrations, faites pour un objet connu, s'appliquent immédiatement à beaucoup d'objets nouveaux ; on n'a rien à y changer, pas même les mots, puisque les noms sont devenus les mêmes.

Un mot bien choisi suffit le plus souvent pour faire disparaître les exceptions que comportaient les règles énoncées dans l'ancien langage ; c'est pour cela qu'on a imaginé les quantités négatives, les quantités imaginaires, les points à l'infini, que sais-je encore? Et les exceptions, ne l'oublions pas, sont pernicieuses, parce qu'elles cachent les lois.

Eh bien, c'est l'un des caractères auxquels on reconnaît les faits à grand rendement, ce sont ceux qui permettent ces heureuses innovations de langage. Le fait brut est alors quelquefois sans grand intérêt, on a pu le signaler bien des fois sans avoir rendu grand service à la science ; il ne prend de valeur que le jour où un penseur mieux avisé aperçoit le rapprochement qu'il met en évidence et le symbolise par un mot.

Les physiciens, d'ailleurs, agissent absolument

de même ; ils ont inventé le mot d'énergie, et ce mot a été prodigieusement fécond, parce que lui aussi créait la loi en éliminant les exceptions, parce qu'il donnait le même nom à des choses différentes par la matière et semblables par la forme.

Parmi les mots qui ont exercé la plus heureuse influence, je signalerai ceux de groupe et d'invariant. Ils nous ont fait apercevoir l'essence de bien des raisonnements mathématiques ; ils nous ont montré dans combien de cas les anciens mathématiciens considéraient des groupes sans le savoir, et comment, se croyant bien éloignés les uns des autres, ils se trouvaient tout à coup rapprochés sans comprendre pourquoi.

Nous dirions aujourd'hui qu'ils avaient envisagé des groupes isomorphes. Nous savons maintenant que dans un groupe la matière nous intéresse peu, que c'est la forme seule qui importe et que quand on connaît bien un groupe, on connaît par cela même tous les groupes isomorphes ; et grâce à ces mots de groupe et d'isomorphisme qui résument en quelques syllabes cette règle subtile et la rendent promptement familière à tous les esprits, le passage est immédiat et peut se faire en économisant tout effort de pensée. L'idée de groupe se rattache d'ailleurs à celle de transformation ; pourquoi attache-t-on tant de prix à l'invention d'une transformation nouvelle ? parce que d'un seul théorème elle nous permet d'en tirer dix ou vingt ; elle a la même valeur qu'un zéro ajouté à la droite d'un nombre entier.

Voilà ce qui a déterminé jusqu'ici le sens du mouvement de la science mathématique, et c'est aussi bien certainement ce qui le déterminera dans l'avenir. Mais la nature des problèmes qui se posent y contribue également. Nous ne pouvons oublier quel doit être notre but; selon moi ce but est double; notre science confine à la fois à la philosophie et à la physique, et c'est pour nos deux voisines que nous travaillons ; aussi nous avons toujours vu et nous verrons encore les mathématiciens marcher dans deux directions opposées.

D'une part, la science mathématique doit réfléchir sur elle-même et cela est utile, parce que réfléchir sur elle-même, c'est réfléchir sur l'esprit humain qui l'a créée, d'autant plus que c'est celle de ses créations pour laquelle il a fait le moins d'emprunts au dehors. C'est pourquoi certaines spéculations mathématiques sont utiles, comme celles qui visent l'étude des postulats, des géométries inaccoutumées, des fonctions à allures étranges. Plus ces spéculations s'écarteront des conceptions les plus communes, et par conséquent de la nature et des applications, mieux elles nous montreront ce que l'esprit humain peut faire, quand il se soustrait de plus en plus à la tyrannie du monde extérieur, mieux par conséquent elles nous le feront connaître en lui-même.

Mais c'est du côté opposé, du côté de la nature, qu'il faut diriger le gros de notre armée.

Là nous rencontrons le physicien ou l'ingénieur qui nous disent : « Pourriez-vous m'intégrer cette équation différentielle, j'en aurais besoin d'ici à huit jours en vue de telle construction qui doit être terminée pour telle date. » « Cette équation, répondons-nous, ne rentre pas dans l'un des types intégrables, vous savez qu'il n'y en a pas beaucoup. » « Oui, je le sais, mais alors à quoi servez-vous ? » Le plus souvent, il suffirait de s'entendre ; l'ingénieur, en réalité, n'a pas besoin de l'intégrale en termes finis ; il a besoin de connaître l'allure générale de la fonction intégrale, ou simplement il voudrait un certain chiffre qui se déduirait facilement de cette intégrale, si on la connaissait. Ordinairement on ne la connaît pas, mais on pourrait calculer ce chiffre sans elle, si on savait au juste de quel chiffre l'ingénieur a besoin et avec quelle approximation.

Autrefois, on ne considérait une équation comme résolue que quand on en avait exprimé la solution à l'aide d'un nombre fini de fonctions connues ; mais cela n'est possible qu'une fois sur cent à peine. Ce que nous pouvons toujours faire, ou plutôt ce que nous devons toujours chercher à faire, c'est de résoudre le problème *qualitativement* pour ainsi dire, c'est-à-dire de chercher à connaître la forme générale de la courbe qui représente la fonction inconnue.

Il reste ensuite à trouver la solution *quantitative* du problème ; mais si l'inconnue ne peut être déterminée par un calcul fini, on peut la représenter toujours par une série infinie convergente qui permet de la calculer. Cela peut-il être regardé comme une vraie solution ? On raconte que NEWTON communiqua à LEIBNIZ un anagramme à peu près comme ceci : *aaaaabbbeeeeiï*, etc. LEIBNIZ, naturellement, n'y comprit rien du tout ; mais nous qui avons la clef, nous savons que cet anagramme veut dire, en le traduisant dans le langage moderne : « Je sais intégrer toutes les équations différentielles, » et nous sommes amenés à nous dire que NEWTON avait bien de la chance ou qu'il se faisait de singulières illusions. Il voulait dire tout simplement qu'il pouvait former (par la méthode des coefficients indéterminés) une série de puissances satisfaisant formellement à l'équation proposée.

Une semblable solution aujourd'hui ne nous satisferait plus, et cela pour deux raisons ; parce que la convergence est trop lente et parce que les termes se succèdent sans obéir à aucune loi. Au contraire, la série Θ nous paraît ne rien laisser à désirer, d'abord parce qu'elle converge très vite (cela, c'est pour le praticien qui désire avoir son nombre le plus promptement possible) et ensuite parce que nous apercevons d'un coup d'œil la loi des termes (cela, c'est pour satisfaire aux besoins esthétiques du théoricien).

Mais alors il n'y a plus des problèmes résolus et d'autres qui ne le sont pas ; il y a seulement des problèmes *plus ou moins* résolus, selon qu'ils le sont par une série de convergence plus ou moins rapide, ou régie par une loi plus ou moins harmonieuse. Il arrive toutefois qu'une solution imparfaite nous achemine vers une solution meilleure. Quelquefois la série est de convergence si lente que le calcul est impraticable et qu'on n'a réussi qu'à démontrer la possibilité du problème.

Et alors l'ingénieur trouve cela dérisoire, et il a raison, puisque cela ne l'aidera pas à terminer sa construction pour la date fixée. Il se préoccupe peu de savoir si cela sera utile aux ingénieurs du XXIIe siècle ; nous, nous pensons autrement et nous sommes quelquefois plus heureux d'avoir économisé un jour de travail à nos petit-fils qu'une heure à nos contemporains.

Quelquefois en tâtonnant, empiriquement pour ainsi dire, nous arrivons à une formule suffisamment convergente. Que voulez-vous de plus, nous dit l'ingénieur ; et nous, malgré tout, nous ne sommes pas satisfaits, nous aurions voulu *prévoir* cette convergence. Pourquoi ? parce que si nous avions su la prévoir une fois, nous saurions la prévoir une autre fois. Nous avons réussi, c'est peu de chose à nos yeux si nous n'avons sérieusement l'espoir de recommencer.

A mesure que la science se développe, il devient

plus difficile de l'embrasser tout entière ; alors on cherche à la couper en morceaux, à se contenter de l'un de ces morceaux : en un mot, à se spécialiser. Si l'on continuait dans ce sens, ce serait un obstacle fâcheux aux progrès de la Science. Nous l'avons dit, c'est par des rapprochements inattendus entre ses diverses parties que ses progrès peuvent se faire. Trop se spécialiser, ce serait s'interdire ces rapprochements. Espérons que des Congrès comme ceux de Heidelberg et de Rome, en nous mettant en rapport les uns avec les autres, nous ouvriront des vues sur le champ du voisin, nous obligeront à le comparer au nôtre, à sortir un peu de notre petit village ; ils seront ainsi le meilleur remède au danger que je viens de signaler.

Mais je me suis trop attardé à des généralités, il est temps d'entrer dans le détail.

Passons en revue les diverses sciences particulières dont l'ensemble forme les mathématiques ; voyons ce que chacune d'elles a fait, où elle tend et ce qu'on peut en espérer. Si les vues qui précèdent sont justes, nous devons voir que les grands progrès du passé se sont produits lorsque deux de ces sciences se sont rapprochées, lorsqu'on a pris conscience de la similitude de leur forme, malgré la dissemblance de leur matière, lorsqu'elles se sont modelées l'une sur l'autre, de telle façon que chacune d'elles pût profiter des conquêtes de l'autre. Nous devons en même temps entrevoir, dans des rapprochements du même genre, les progrès de l'avenir.

L'ARITHMÉTIQUE

Les progrès de l'arithmétique ont été beaucoup plus lents que ceux de l'algèbre et de l'analyse, et il est aisé de comprendre pourquoi. Le sentiment de la continuité est un guide précieux qui fait défaut à l'arithméticien ; chaque nombre entier est séparé des autres, il a pour ainsi dire son individualité propre ; chacun d'eux est une sorte d'exception et c'est pourquoi les théorèmes généraux seront plus rares dans la théorie des nombres, c'est pourquoi aussi ceux qui existent seront plus cachés et échapperont plus longtemps aux chercheurs.

Si l'arithmétique est en retard sur l'algèbre et sur l'analyse, ce qu'elle a de mieux à faire c'est de chercher à se modeler sur ces sciences afin de profiter de leur avance. L'arithméticien doit donc prendre pour guide les analogies avec l'algèbre. Ces analogies sont nombreuses et si, dans bien des cas, elles n'ont pas encore été étudiées d'assez près pour devenir utilisables, elles sont au moins pressenties depuis longtemps et le langage même des deux sciences montre qu'on les a aperçues. C'est ainsi qu'on parle de nombres transcendants, et qu'on se rend compte ainsi que la classification future de ces nombres a déjà pour image la classification des fonctions transcendantes, et cependant on ne voit pas encore très bien comment on pourra passer d'une classification à l'autre ; mais si on l'avait vu, cela serait déjà fait, et ce ne serait plus l'œuvre de l'avenir.

Le premier exemple qui me vient à l'esprit est la théorie des congruences, où l'on trouve un parallélisme parfait avec celle des équations algébriques. Certainement, on arrivera à compléter ce parallélisme, qui doit subsister par exemple entre la théorie des courbes algébriques et celle des congruences à deux variables. Et quand les problèmes relatifs aux congruences à plusieurs variables seront résolus, ce sera un premier pas vers la solution de beaucoup de questions d'analyse indéterminée.

L'ALGÈBRE

La théorie des équations algébriques retiendra encore longtemps l'attention des géomètres ; les côtés par où on peut l'aborder sont nombreux et divers.

Il ne faut pas croire que l'algèbre soit terminée parce qu'elle nous fournit des règles pour former toutes les combinaisons possibles ; il reste à chercher les combinaisons intéressantes, celles qui satisfont à telle ou telle condition. Ainsi se constituera une sorte d'analyse indéterminée où les inconnues ne seront plus des nombres entiers, mais des polynômes. C'est alors cette fois l'algèbre qui prendra modèle sur l'arithmétique, en se guidant sur l'analogie du nombre entier, soit avec le polynôme entier à coefficients quelconques, soit avec le polynôme entier à coefficients entiers.

LA GÉOMÉTRIE

Il semble que la géométrie ne puisse rien contenir qui ne soit déjà dans l'algèbre ou dans l'analyse ; que les faits géométriques ne soient autre chose que les faits algébriques ou analytiques exprimés dans un autre langage. On pourrait donc croire qu'après la revue que nous venons de passer, il ne nous restera plus rien à dire qui se rapporte spécialement à la géométrie. Ce serait méconnaître l'importance même d'un langage bien fait, ne pas comprendre ce qu'ajoute aux choses elles-mêmes la façon d'exprimer ces choses et par conséquent de les grouper.

D'abord les considérations géométriques nous amènent à nous poser de nouveaux problèmes ; ce sont bien, si l'on veut, des problèmes analytiques, mais que nous ne nous serions jamais posés à propos d'analyse. L'analyse en profite cependant comme elle profite de ceux qu'elle est obligée de résoudre pour satisfaire aux besoins de la Physique.

Un grand avantage de la géométrie, c'est précisément que les sens y peuvent venir au secours de l'intelligence, et aident à deviner la route à suivre, et bien des esprits préfèrent ramener les problèmes d'analyse à la forme géométrique. Malheureusement, nos sens ne peuvent nous mener bien loin, et ils nous faussent compagnie dès que nous voulons nous envoler en dehors des trois dimensions classiques. Est-ce à dire que, sortis de ce domaine restreint où ils semblent vouloir nous enfermer, nous ne devons plus compter que sur l'analyse pure et que toute géométrie à plus de trois dimensions est vaine et sans objet ? Dans la génération qui nous a précédés, les plus grands maîtres auraient répondu « oui » ; nous sommes aujourd'hui tellement familiarisés avec cette notion que nous pouvons en parler, même dans un cours d'université, sans provoquer trop d'étonnement.

Mais à quoi peut-elle servir ? Il est aisé de le voir : elle nous donne d'abord un langage très commode, qui exprime en termes très concis ce que le langage analytique ordinaire dirait en phrases prolixes. De plus, ce langage nous fait nommer du même nom ce qui se ressemble et affirme des analogies qu'il ne nous laisse plus oublier. Il nous permet donc encore de nous diriger dans cet espace qui est trop grand pour nous et que nous ne pouvons voir, en nous rappelant sans cesse l'espace visible qui n'en est qu'une image imparfaite sans doute, mais qui en est encore une image. Ici encore, comme dans tous les exemples précédents, c'est l'analogie avec ce qui est simple qui nous permet de comprendre ce qui est complexe.

Cette géométrie à plus de trois dimensions n'est pas une simple géométrie analytique, elle n'est pas purement quantitative, elle est aussi qualitative et c'est par là surtout qu'elle devient intéressante. Il y a une science qu'on appelle l'*Analysis Situs* et qui a pour objet l'étude des relations de position des divers éléments d'une figure, abstraction faite de leurs grandeurs. Cette géométrie est purement qualitative; ses théorèmes resteraient vrais si les figures, au lieu d'être exactes, étaient grossièrement imitées par un enfant. On peut faire aussi une *Analysis Situs* à plus de trois dimensions. L'importance de l'*Analysis Situs* est énorme et je ne saurais trop y insister; le parti qu'en a tiré Riemann, l'un de ses principaux créateurs, suffirait à le démontrer. Il faut qu'on arrive à la construire complètement dans les espaces supérieurs; on aura alors un instrument qui permettra réellement de voir dans l'hyperespace et de suppléer à nos sens.

Les problèmes de l'*Analysis Situs* ne se seraient peut-être pas posés si on n'avait parlé que le langage analytique; ou plutôt, je me trompe, ils se seraient posés certainement, puisque leur solution est nécessaire à une foule de questions d'analyse; mais ils se seraient posés isolément, les uns après les autres, et sans qu'on puisse apercevoir leur lien commun.

LE CANTORISME

J'ai parlé plus haut du besoin que nous avons de remonter sans cesse aux premiers principes de notre science et du profit qu'en peut tirer l'étude de l'esprit humain. C'est ce besoin qui a inspiré deux tentatives qui ont tenu une très grande place dans l'histoire la plus récente des mathématiques. La première est le cantorisme, qui a rendu à la science les services que l'on sait. Cantor a introduit dans la science une manière nouvelle de considérer l'infini mathématique et nous aurons l'occasion d'en reparler au chapitre VII. Un des traits caractéristiques du cantorisme, c'est qu'au lieu de s'élever au général en bâtissant des constructions de plus en plus compliquées et de définir par construction, il part du *genus supremum* et ne définit, comme auraient dit les scolastiques, que *per genus proximum et differentiam specificam*. De là l'horreur qu'il a quelquefois inspirée à certains esprits, à Hermite par exemple, dont l'idée favorite était de comparer les sciences mathématiques aux sciences naturelles. Chez la plupart d'entre nous ces préventions s'étaient dissipées, mais il est arrivé qu'on s'est heurté à certains paradoxes, à certaines contradictions apparentes, qui auraient comblé de joie Zénon d'Elée et l'école de Mégare. Et alors chacun de chercher le remède. Je pense pour mon compte, et je ne suis pas le seul, que l'important c'est de ne jamais introduire que des êtres que l'on puisse définir complètement en un nombre fini de mots. Quel que soit le remède adopté, nous pouvons nous promettre la joie du médecin appelé à suivre un beau cas pathologique.

LA RECHERCHE DES POSTULATS

On s'est efforcé d'autre part d'énumérer les axiomes et les postulats plus ou moins dissimulés, qui servent de fondement aux diverses théories mathématiques. M. Hilbert a obtenu les résultats les plus brillants. Il semble d'abord que ce domaine soit bien limité et qu'il n'y ait plus rien à y faire quand l'inventaire sera terminé, ce qui ne saurait tarder. Mais quand on aura tout énuméré, il y aura bien des manières de tout classer ; un bon bibliothécaire trouve toujours à s'occuper, et chaque classification nouvelle sera instructive pour le philosophe.

J'arrête cette revue, que je ne saurais songer à rendre complète. Je pense que ces exemples auront suffi pour montrer par quel mécanisme les sciences mathématiques ont progressé dans le passé, et dans quel sens elles doivent marcher dans l'avenir.

CHAPITRE III

L'invention mathématique.

———

La genèse de l'Invention mathématique est un problème qui doit inspirer le plus vif intérêt au psychologue. C'est l'acte dans lequel l'esprit humain semble le moins emprunter au monde extérieur, où il n'agit ou ne parait agir que par lui-même et sur lui-même, de sorte qu'en étudiant le processus de la pensée géométrique, c'est ce qu'il y a de plus essentiel dans l'esprit humain que nous pouvons espérer atteindre.

On l'a compris depuis longtemps, et il y a quelques mois une revue intitulée l'*Enseignement Mathématique* et dirigée par MM. Laisant et Fehr, a entrepris une enquête sur les habitudes d'esprit et les méthodes de travail des différents mathématiciens. J'avais arrêté les principaux traits de cet article quand les résultats de cette enquête ont été publiés; je n'ai donc guère pu les utiliser, je me bornerai à dire que la majorité des témoignages confirment mes conclusions, je ne dis pas l'unanimité, car quand on consulte le suffrage universel, on ne peut se flatter de réunir l'unanimité.

Un premier fait doit nous étonner, ou plutôt devrait nous étonner, si nous n'y étions si habitués. Comment se fait-il qu'il y ait des gens qui ne comprennent pas les mathématiques? Si les mathématiques n'invoquent que les règles de la logique, celles qui sont acceptées par tous les esprits bien faits; si leur évidence est fondée sur des principes qui sont communs à tous les hommes et que nul ne saurait nier sans être fou, comment se fait-il qu'il y ait tant de personnes qui y soient totalement réfractaires?

Que tout le monde ne soit pas capable d'invention, cela n'a rien de mystérieux. Que tout le monde ne puisse retenir une démonstration qu'il a apprise autrefois, passe encore. Mais que tout le monde ne puisse pas comprendre un raisonnement mathématique au moment où on le lui expose, voilà qui paraît bien surprenant quand on y réfléchit. Et pourtant ceux qui ne peuvent suivre ce raisonnement qu'avec peine sont en majorité: cela est incontestable et l'expérience des maîtres de l'enseignement secondaire ne me contredira certes pas.

Et il y a plus : comment l'erreur est-elle possible en mathématiques? Une intelligence saine ne doit pas commettre de faute de logique, et cependant il y a des esprits très fins, qui ne broncheront pas dans un raisonnement court tel que ceux que l'on a à faire dans les actes ordinaires de la vie, et qui sont incapables de suivre ou de répéter sans erreur les démonstrations des mathématiques qui sont plus longues, mais qui ne sont après tout qu'une accumulation de petits raisonnements tout à fait analogues à ceux qu'ils font si facilement. Est-il nécessaire d'ajouter que les mathématiciens eux-mêmes ne sont pas infaillibles?

La réponse me semble s'imposer. Imaginons une longue série de syllogismes, et que les conclusions des premiers servent de prémisses aux suivants : nous serons capables de saisir chacun de ces syllogismes, et ce n'est pas dans le passage des prémisses à la conclusion que nous risquons de nous tromper. Mais entre le moment où nous rencontrons pour la première fois une proposition, comme conclusion d'un syllogisme, et celui où nous la retrouvons comme prémisse d'un autre syllogisme, il se sera écoulé parfois beaucoup de temps, on aura déroulé de nombreux anneaux de la chaîne; il peut donc arriver qu'on l'ait oubliée; ou, ce qui est plus grave, qu'on en ait oublié le sens. Il peut donc se faire qu'on la remplace par une proposition un peu différente, ou que, tout en conservant le même énoncé, on lui attribue un sens un peu différent, et c'est ainsi qu'on est exposé à l'erreur.

Souvent le mathématicien doit se servir d'une règle : naturellement il a commencé par démontrer cette règle; et au moment où cette démonstration était toute fraîche dans son souvenir il en comprenait parfaitement le sens et la portée, et il ne risquait pas de l'altérer. Mais ensuite il l'a confiée à sa mémoire et il ne l'applique plus que d'une façon mécanique ; et alors si la mémoire lui fait défaut, il peut l'appliquer tout de travers. C'est ainsi, pour prendre un exemple simple et presque vulgaire, que nous faisons quelquefois des fautes de calcul parce que nous avons oublié notre table de multiplication.

A ce compte, l'aptitude spéciale aux mathématiques ne serait due qu'à une mémoire très sûre, ou bien à une force d'attention prodigieuse. Ce serait une qualité analogue à celle du joueur de whist, qui retient les cartes tombées ; ou bien, pour nous élever d'un degré, à celle du joueur d'échecs qui peut envisager un nombre très grand de combinaisons et les garder dans sa mémoire. Tout bon mathématicien devrait être en même temps bon joueur d'échecs et inversement ; il devrait être également un bon calculateur numérique. Certes, cela arrive quelquefois, ainsi Gauss était à la fois un géomètre de génie et un calculateur très précoce et très sûr.

Mais il y a des exceptions, ou plutôt je me trompe, je ne puis pas appeler cela des exceptions, sans quoi les exceptions seraient plus nombreuses que les cas conformes à la règle. C'est Gauss, au contraire, qui était une exception. Quant à moi, je suis obligé de l'avouer, je suis absolument incapable de faire une addition sans faute. Je serais également un fort mauvais joueur d'échecs; je calculerais bien qu'en jouant de telle façon je m'expose à tel danger; je passerais en revue beaucoup d'autres coups que je rejetterais pour d'autres raisons, et je finirais par jouer le coup d'abord examiné, ayant oublié dans l'intervalle le danger que j'avais prévu.

En un mot ma mémoire n'est pas mauvaise, mais elle serait insuffisante pour faire de moi un bon joueur d'échecs. Pourquoi donc ne me fait-elle pas défaut dans un raisonnement mathématique difficile où la plupart des joueurs d'échecs se perdraient? C'est évidemment parce qu'elle est guidée par la marche générale du raisonnement. Une démonstration mathématique n'est pas une simple juxtaposition de syllogismes, ce sont des syllogismes *placés dans un certain ordre*, et l'ordre dans lequel ces éléments sont placés est beaucoup plus important que ne le sont ces éléments eux-mêmes. Si j'ai le sentiment, l'intuition pour ainsi dire de cet ordre, de façon à apercevoir d'un coup d'œil l'ensemble du raisonnement, je ne dois plus craindre d'oublier l'un des éléments, chacun d'eux viendra se placer de lui-même dans le cadre qui lui est préparé, et sans que j'aie à faire aucun effort de mémoire.

Il me semble alors, en répétant un raisonnement appris, que j'aurais pu l'inventer; ce n'est souvent qu'une illusion; mais, même alors, même si je ne suis pas assez fort pour créer par moi-même, je

4

le réinvente moi-même, à mesure que je le répète.

On conçoit que ce sentiment, cette intuition de l'ordre mathématique, qui nous fait deviner des harmonies et des relations cachées, ne puisse appartenir à tout le monde. Les uns ne posséderont ni ce sentiment délicat, et difficile à définir, ni une force de mémoire et d'attention au-dessus de l'ordinaire, et alors ils seront absolument incapables de comprendre les mathématiques un peu élevées ; c'est le plus grand nombre. D'autres n'auront ce sentiment qu'à un faible degré, mais ils seront doués d'une mémoire peu commune et d'une grande capacité d'attention. Ils apprendront par cœur les détails les uns après les autres, ils pourront comprendre les mathématiques et quelquefois les appliquer, mais ils seront hors d'état de créer. Les autres enfin posséderont à un plus ou moins haut degré l'intuition spéciale dont je viens de parler et alors non seulement ils pourront comprendre les mathématiques, quand même leur mémoire n'aurait rien d'extraordinaire, mais ils pourront devenir créateurs et chercher à inventer avec plus ou moins de succès, suivant que cette intuition est chez eux plus ou moins développée.

Qu'est-ce, en effet, que l'invention mathématique ? Elle ne consiste pas à faire de nouvelles combinaisons avec des êtres mathématiques déjà connus. Cela, n'importe qui pourrait le faire, mais les combinaisons que l'on pourrait former ainsi seraient en nombre infini, et le plus grand nombre serait absolument dépourvu d'intérêt. Inventer, cela consiste précisément à ne pas construire les combinaisons inutiles et à construire celles qui sont utiles et qui ne sont qu'une infime minorité. Inventer, c'est discerner, c'est choisir.

Comment doit se faire ce choix, je l'ai expliqué plus haut; les faits mathématiques dignes d'être étudiés, ce sont ceux qui, par leur analogie avec d'autres faits, sont susceptibles de nous conduire à la connaissance d'une loi mathématique de la même façon que les faits expérimentaux nous conduisent à la connaissance d'une loi physique. Ce sont ceux qui nous révèlent des parentés insoupçonnées entre d'autres faits, connus depuis longtemps, mais qu'on croyait à tort étrangers les uns aux autres.

Parmi les combinaisons que l'on choisira, les plus fécondes seront souvent celles qui sont formées d'éléments empruntés à des domaines très éloignés; et je ne veux pas dire qu'il suffise pour inventer de rapprocher des objets aussi disparates que possible; la plupart des combinaisons qu'on formerait ainsi seraient entièrement stériles; mais quelques-unes d'entres elles, bien rares, sont les plus fécondes de toutes.

Inventer, je l'ai dit, c'est choisir; mais le mot n'est peut-être pas tout à fait juste, il fait penser à un acheteur à qui on présente un grand nombre d'échantillons et qui les examine l'un après l'autre de façon à faire son choix. Ici les échantillons seraient tellement nombreux qu'une vie entière ne suffirait pas pour les examiner. Ce n'est pas ainsi que les choses se passent. Les combinaisons stériles ne se présenteront même pas à l'esprit de l'inventeur. Dans le champ de sa conscience n'apparaîtront jamais que les combinaisons réellement utiles, et quelques-unes qu'il rejettera, mais qui participent un peu des caractères des combinaisons utiles. Tout se passe comme si l'inventeur était un examinateur du deuxième degré qui n'aurait plus à interroger que les candidats déclarés admissibles après une première épreuve.

Mais ce que j'ai dit jusqu'ici, c'est ce qu'on peut observer ou inférer, en lisant les écrits des géomètres, à la condition de faire cette lecture avec quelque réflexion.

Il est temps de pénétrer plus avant et de voir ce qui se passe dans l'âme même du mathématicien. Pour cela, je crois que ce que j'ai de mieux à faire, c'est de rappeler des souvenirs personnels. Seulement, je vais me circonscrire et vous raconter comment j'ai écrit mon premier mémoire sur les fonctions fuchsiennes. Je vous demande pardon, je vais employer quelques expressions techniques, mais elles ne doivent pas vous effrayer, vous n'avez aucun besoin de les comprendre. Je dirai, par exemple, j'ai trouvé la démonstration de tel théorème dans telles circonstances, ce théorème aura un nom bar-

bare, que beaucoup d'entre vous ne connaîtront pas, mais cela n'a aucune importance; ce qui est intéressant pour le psychologue, ce n'est pas le théorème, ce sont les circonstances.

Depuis quinze jours, je m'efforçais de démontrer qu'il ne pouvait exister aucune fonction analogue à ce que j'ai appelé depuis les fonctions fuchsiennes; j'étais alors fort ignorant; tous les jours, je m'asseyais à ma table de travail, j'y passais une heure ou deux, j'essayais un grand nombre de combinaisons et je n'arrivais à aucun résultat. Un soir, je pris du café noir, contrairement à mon habitude, je ne pus m'endormir : les idées surgissaient en foule; je les sentais comme se heurter, jusqu'à ce que deux d'entre elles s'accrochassent, pour ainsi dire, pour former une combinaison stable. Le matin, j'avais établi l'existence d'une classe de fonctions fuchsiennes, celles qui dérivent de la série hypergéométrique; je n'eus plus qu'à rédiger les résultats, ce qui ne me prit que quelques heures.

Je voulus ensuite représenter ces fonctions par le quotient de deux séries; cette idée fut parfaitement consciente et réfléchie; l'analogie avec les fonctions elliptiques me guidait. Je me demandai quelles devaient être les propriétés de ces séries, si elles existaient, et j'arrivai sans difficulté à former les séries que j'ai appelées thétafuchsiennes.

A ce moment, je quittai Caen, où j'habitais alors, pour prendre part à une course géologique entreprise par l'École des Mines. Les péripéties du voyage me firent oublier mes travaux mathématiques; arrivés à Coutances, nous montâmes dans un omnibus pour je ne sais quelle promenade; au moment où je mettais le pied sur le marchepied, l'idée me vint, sans que rien dans mes pensées antérieures parût m'y avoir préparé, que les transformations dont j'avais fait usage pour définir les fonctions fuchsiennes étaient identiques à celles de la géométrie non-euclidienne. Je ne fis pas la vérification; je n'en aurais pas eu le temps, puisque, à peine assis dans l'omnibus, je repris la conversation commencée, mais j'eus tout de suite une entière certitude. De retour à Caen, je vérifiai le résultat à tête reposée pour l'acquit de ma conscience.

Je me mis alors à étudier des questions d'arithmétique sans grand résultat apparent et sans soupçonner que cela pût avoir le moindre rapport avec mes recherches antérieures. Dégoûté de mon insuccès, j'allai passer quelques jours au bord de la mer, et je pensai à tout autre chose. Un jour, en me promenant sur la falaise, l'idée me vint, toujours avec les mêmes caractères de brièveté, de soudaineté et de certitude immédiate, que les transformations arithmétiques des formes quadratiques ternaires indéfinies étaient identiques à celles de la géométrie non-euclidienne.

Étant revenu à Caen, je réfléchis sur ce résultat, et j'en tirai les conséquences; l'exemple des formes

quadratiques me montrait qu'il y avait des groupes
fuchsiens autres que ceux qui correspondent à la
série hypergéométrique; je vis que je pouvais leur
appliquer la théorie des séries thétafuchsiennes et
que, par conséquent, il existait des fonctions fuchsiennes autres que celles qui dérivent de la série
hypergéométrique, les seules que je connusse jusqu'alors. Je me proposai naturellement de former
toutes ces fonctions; j'en fis un siège systématique
et j'enlevai l'un après l'autre tous les ouvrages
avancés; il y en avait un cependant qui tenait encore
et dont la chute devait entraîner celle du corps de
place. Mais tous mes efforts ne servirent d'abord
qu'à me mieux faire connaître la difficulté, ce qui
était déjà quelque chose. Tout ce travail fut parfaitement conscient.

Là-dessus, je partis pour le Mont-Valérien, où je
devais faire mon service militaire; j'eus donc des
préoccupations très différentes. Un jour, en traversant le boulevard, la solution de la difficulté qui
m'avait arrêté m'apparut tout à coup. Je ne cher-
chai pas à l'approfondir immédiatement, et ce fut
seulement après mon service que je repris la question. J'avais tous les éléments, je n'avais qu'à les
rassembler et à les ordonner. Je rédigeai donc mon
mémoire définitif d'un trait et sans aucune peine.

Je me bornerai à cet exemple unique, il est inutile
de les multiplier; en ce qui concerne mes autres
recherches, j'aurais à faire des récits tout à fait

analogues; et les observations rapportées par d'autres mathématiciens dans l'enquête de l'*Enseignement Mathématique* ne pourraient que les confirmer.

Ce qui frappera tout d'abord, ce sont ces apparences d'illumination subite, signes manifestes d'un long travail inconscient antérieur; le rôle de ce travail inconscient dans l'invention mathématique me paraît incontestable, et on en trouverait des traces dans d'autres cas où il est moins évident. Souvent, quand on travaille une question difficile, on ne fait rien de bon la première fois qu'on se met à la besogne; ensuite on prend un repos plus ou moins long, et on s'assoit de nouveau devant sa table. Pendant la première demi-heure, on continue à ne rien trouver et puis tout à coup l'idée décisive se présente à l'esprit. On pourrait dire que le travail conscient a été plus fructueux, parce qu'il a été interrompu et que le repos a rendu à l'esprit sa force et sa fraîcheur. Mais il est plus probable que ce repos a été rempli par un travail inconscient, et que le résultat de ce travail s'est révélé ensuite au géomètre, tout à fait comme dans les cas que j'ai cités; seulement la révélation, au lieu de se faire jour pendant une promenade ou un voyage, s'est produite pendant une période de travail conscient, mais indépendamment de ce travail qui joue tout au plus un rôle de déclanchement, comme s'il était l'aiguillon qui aurait excité les résultats déjà acquis pendant le repos, mais restés inconscients, à revêtir la forme consciente.

Il y a une autre remarque à faire au sujet des conditions de ce travail inconscient : c'est qu'il n'est possible et en tout cas qu'il n'est fécond que s'il est d'une part précédé, et d'autre part suivi d'une période de travail conscient. Jamais (et les exemples que j'ai cités le prouvent déjà suffisamment) ces inspirations subites ne se produisent qu'après quelques jours d'efforts volontaires, qui ont paru absolument infructueux et où l'on a cru ne rien faire de bon, où il semble qu'on a fait totalement fausse route. Ces efforts n'ont donc pas été aussi stériles qu'on le pense, ils ont mis en branle la machine inconsciente, et, sans eux, elle n'aurait pas marché et n'aurait rien produit.

La nécessité de la seconde période de travail conscient, après l'inspiration, se comprend mieux encore. Il faut mettre en œuvre les résultats de cette inspiration, en déduire les conséquences immédiates, les ordonner, rédiger les démonstrations, mais surtout il faut les vérifier. J'ai parlé du sentiment de certitude absolue qui accompagne l'inspiration ; dans les cas cités, ce sentiment n'était pas trompeur, et le plus souvent, il en est ainsi ; mais il faut se garder de croire que ce soit une règle sans exception ; souvent ce sentiment nous trompe sans pour cela être moins vif, et on ne s'en aperçoit que quand on cherche à mettre la démonstration sur pied. J'ai observé surtout le fait pour les idées qui me sont venues le matin ou le soir dans mon lit, à l'état semi-hypnagogique.

Tels sont les faits, et voici maintenant les réflexions qu'ils nous imposent. Le moi inconscient ou, comme on dit, le moi subliminal, joue un rôle capital dans l'invention mathématique, cela résulte de tout ce qui précède. Mais on considère d'ordinaire le moi subliminal comme purement automatique. Or, nous avons vu que le travail mathématique n'est pas un simple travail mécanique, qu'on ne saurait le confier à une machine, quelque perfectionnée qu'on la suppose. Il ne s'agit pas seulement d'appliquer des règles, de fabriquer le plus de combinaisons possibles d'après certaines lois fixes. Les combinaisons ainsi obtenues seraient extrêmement nombreuses, inutiles et encombrantes. Le véritable travail de l'inventeur consiste à choisir entre ces combinaisons, de façon à éliminer celles qui sont inutiles ou plutôt à ne pas se donner la peine de les faire. Et les règles qui doivent guider ce choix sont extrêmement fines et délicates, il est à peu près impossible de les énoncer dans un langage précis; elles se sentent plutôt qu'elles ne se formulent; comment, dans ces conditions, imaginer un crible capable de les appliquer mécaniquement?

Et alors une première hypothèse se présente à nous : le moi subliminal n'est nullement inférieur au moi conscient; il n'est pas purement automatique, il est capable de discernement, il a du tact, de la délicatesse; il sait choisir, il sait deviner. Que dis-je, il sait mieux deviner que le moi conscient, puisqu'il réussit là où celui-ci avait échoué. En un mot, le moi subliminal n'est-il pas supérieur au moi conscient? Vous comprenez toute l'importance de cette question. M. Boutroux, dans une conférence récente, a montré comment elle s'était posée à des occasions toutes différentes et quelles conséquences entraînerait une réponse affirmative. (Voir aussi, du même auteur, *Science et Religion*, pages 313 sqq.)

Cette réponse affirmative nous est-elle imposée par les faits que je viens d'exposer? J'avoue que, pour ma part, je ne l'accepterais pas sans répugnance. Revoyons donc les faits et cherchons s'ils ne comporteraient pas une autre explication.

Il est certain que les combinaisons qui se présentent à l'esprit dans une sorte d'illumination subite, après un travail inconscient un peu prolongé, sont généralement des combinaisons utiles et fécondes, qui semblent le résultat d'un premier triage. S'ensuit-il que le moi subliminal, ayant deviné par une intuition délicate que ces combinaisons pouvaient être utiles, n'a formé que celles-là, ou bien en a-t-il formé beaucoup d'autres qui étaient dépourvues d'intérêt et qui sont demeurées inconscientes.

Dans cette seconde manière de voir, toutes les combinaisons se formeraient par suite de l'automa-tisme du moi subliminal, mais seules, celles qui

seraient intéressantes pénétreraient dans le champ
de la conscience. Et cela est encore très mystérieux.
Quelle est la cause qui fait que, parmi les mille produits de notre activité inconsciente, il y en a qui
sont appelés à franchir le seuil, tandis que d'autres
restent en deçà? Est-ce un simple hasard qui leur
confère ce privilège? Évidemment non; parmi toutes
les excitations de nos sens, par exemple, les plus
intenses seules retiendront notre attention, à moins
que cette attention n'ait été attirée sur elles par
d'autres causes. Plus généralement, les phénomènes
inconscients privilégiés, ceux qui sont susceptibles
de devenir conscients, ce sont ceux qui, directement
ou indirectement, affectent le plus profondément
notre sensibilité.

On peut s'étonner de voir invoquer la sensibilité
à propos de démonstrations mathématiques qui,
semble-t-il, ne peuvent intéresser que l'intelligence.
Ce serait oublier le sentiment de la beauté mathématique, de l'harmonie des nombres et des formes,
de l'élégance géométrique. C'est un vrai sentiment
esthétique que tous les vrais mathématiciens connaissent. Et c'est bien là de la sensibilité.

Or, quels sont les êtres mathématiques auxquels
nous attribuons ce caractère de beauté et d'élégance,
et qui sont susceptibles de développer en nous une
sorte d'émotion esthétique? Ce sont ceux dont les
éléments sont harmonieusement disposés, de façon
que l'esprit puisse sans effort en embrasser l'en-

semble tout en pénétrant les détails. Cette harmonie est à la fois une satisfaction pour nos besoins esthétiques et une aide pour l'esprit qu'elle soutient et qu'elle guide. Et en même temps, en mettant sous nos yeux un tout bien ordonné, elle nous fait pressentir une loi mathématique. Or, nous l'avons dit plus haut, les seuls faits mathématiques dignes de retenir notre attention et susceptibles d'être utiles, sont ceux qui peuvent nous faire connaître une loi mathématique. De sorte que nous arrivons à la conclusion suivante : Les combinaisons utiles, ce sont précisément les plus belles, je veux dire celles qui peuvent le mieux charmer cette sensibilité spéciale que tous les mathématiciens connaissent, mais que les profanes ignorent au point qu'ils sont souvent tentés d'en sourire.

Qu'arrive-t-il alors? Parmi les combinaisons en très grand nombre que le moi subliminal a aveuglément formées, presque toutes sont sans intérêt et sans utilité; mais, par cela même, elles sont sans action sur la sensibilité esthétique; la conscience ne les connaîtra jamais; quelques-unes seulement sont harmonieuses, et, par suite, à la fois utiles et belles, elles seront capables d'émouvoir cette sensibilité spéciale du géomètre dont je viens de parler, et qui, une fois excitée, appellera sur elles notre attention, et leur donnera ainsi l'occasion de devenir conscientes.

Ce n'est là qu'une hypothèse, et cependant voici

une observation qui pourrait la confirmer : quand une illumination subite envahit l'esprit du mathématicien, il arrive le plus souvent qu'elle ne le trompe pas ; mais il arrive aussi quelquefois, je l'ai dit, qu'elle ne supporte pas l'épreuve d'une vérification ; eh bien ! on remarque presque toujours que cette idée fausse, si elle avait été juste, aurait flatté notre instinct naturel de l'élégance mathématique.

Ainsi c'est cette sensibilité esthétique spéciale, qui joue le rôle du crible délicat dont je parlais plus haut, et cela fait comprendre assez pourquoi celui qui en est dépourvu ne sera jamais un véritable inventeur.

Toutes les difficultés n'ont pas disparu cependant ; le moi conscient est étroitement borné ; quant au moi subliminal, nous n'en connaissons pas les limites et c'est pourquoi nous ne répugnons pas trop à supposer qu'il a pu former en peu de temps plus de combinaisons diverses que la vie entière d'un être conscient ne pourrait en embrasser. Ces limites existent cependant ; est-il vraisemblable qu'il puisse former toutes les combinaisons possibles dont le nombre effrayerait l'imagination ? cela semblerait nécessaire néanmoins, car s'il ne produit qu'une petite partie de ces combinaisons, et s'il le fait au hasard, il y aura bien peu de chances pour que la *bonne*, celle qu'on doit choisir, se trouve parmi elles.

Peut-être faut-il chercher l'explication dans cette période de travail conscient préliminaire qui précède toujours tout travail inconscient fructueux. Qu'on me permette une comparaison grossière. Représentons-nous les éléments futurs de nos combinaisons comme quelque chose de semblable aux atomes crochus d'Épicure. Pendant le repos complet de l'esprit, ces atomes sont immobiles, ils sont, pour ainsi dire, accrochés au mur; ce repos complet peut donc se prolonger indéfiniment sans que ces atomes se rencontrent, et, par conséquent, sans qu'aucune combinaison puisse se produire entre eux.

Au contraire, pendant une période de repos apparent et de travail inconscient, quelques-uns d'entre eux sont détachés du mur et mis en mouvement. Ils sillonnent dans tous les sens l'espace, j'allais dire la pièce où ils sont enfermés, comme pourrait le faire, par exemple, une nuée de moucherons ou, si l'on préfère une comparaison plus savante, comme le font les molécules gazeuses dans la théorique cinétique des gaz. Leurs chocs mutuels peuvent alors produire des combinaisons nouvelles.

Quel va être le rôle du travail conscient préliminaire? C'est évidemment de mobiliser quelques-uns de ces atomes, de les décrocher du mur et de les mettre en branle. On croit qu'on n'a rien fait de bon, parce qu'on a remué ces éléments de mille façons diverses pour chercher à les assembler et qu'on n'a pu trouver d'assemblage satisfaisant. Mais, après cette agitation qui leur a été imposée par notre volonté, ces atomes ne rentrent pas dans leur repos primitif. Ils continuent librement leur danse.

Or, notre volonté ne les a pas choisis au hasard, elle poursuivait un but parfaitement déterminé; les atomes mobilisés ne sont donc pas des atomes quelconques : ce sont ceux dont on peut raisonnablement attendre la solution cherchée. Les atomes mobilisés vont alors subir des chocs, qui les feront entrer en combinaison, soit entre eux, soit avec d'autres atomes restés immobiles et qu'ils seront venus heurter dans leur course. Je demande pardon encore une fois, ma comparaison est bien grossière; mais je ne sais trop comment je pourrais faire comprendre autrement ma pensée.

Quoi qu'il en soit, les seules combinaisons qui ont chance de se former, ce sont celles où l'un des éléments au moins est l'un de ces atomes librement choisis par notre volonté. Or, c'est évidemment parmi elles que se trouve ce que j'appelais tout à l'heure la *bonne combinaison*. Peut-être y a-t-il là un moyen d'atténuer ce qu'il y avait de paradoxal dans l'hypothèse primitive.

Autre observation. Il n'arrive jamais que le travail inconscient nous fournisse *tout fait* le résultat d'un calcul un peu long, où l'on n'a qu'à appliquer des règles fixes. On pourrait croire que le moi sublimi-

nal, tout automatique, est particulièrement apte à
ce genre de travail qui est en quelque sorte exclusivement mécanique. Il semble qu'en pensant le soir
aux facteurs d'une multiplication, on pourrait espérer trouver le produit tout fait à son réveil, ou bien
encore qu'un calcul algébrique, une vérification,
par exemple, pourrait se faire inconsciemment. Il
n'en est rien, l'observation le prouve. Tout ce
qu'on peut espérer de ces inspirations, qui sont les
fruits du travail inconscient, ce sont des points de
départ pour de semblables calculs; quant aux calculs eux-mêmes, il faut les faire dans la seconde
période de travail conscient, celle qui suit l'inspiration; celle où l'on vérifie les résultats de cette inspiration et où l'on en tire les conséquences. Les règles
de ces calculs sont strictes et compliquées; elles
exigent la discipline, l'attention, la volonté, et, par
suite, la conscience. Dans le moi subliminal règne,
au contraire, ce que j'appellerais la liberté, si l'on
pouvait donner ce nom à la simple absence de discipline et au désordre né du hasard. Seulement,
ce désordre même permet des accouplements inattendus.

Je ferai une dernière remarque : quand j'ai exposé
plus haut quelques observations personnelles, j'ai
parlé d'une nuit d'excitation, où je travaillais comme
malgré moi; les cas où il en est ainsi sont fréquents,
et il n'est pas nécessaire que l'activité cérébrale
anormale soit causée par un excitant physique

comme dans celui que j'ai cité. Eh bien ! il semble que, dans ces cas, on assiste soi-même à son propre travail inconscient, qui est devenu partiellement perceptible à la conscience surexcitée et qui n'a pas pour cela changé de nature. On se rend alors vaguement compte de ce qui distingue les deux mécanismes ou, si l'on veut, les méthodes de travail des deux moi. Et les observations psychologiques que j'ai pu faire ainsi me semblent confirmer dans leurs traits généraux les vues que je viens d'émettre.

Certes, elles en ont bien besoin, car elles sont et restent malgré tout bien hypothétiques : l'intérêt de la question est si grand que je ne me repens pas de les avoir soumises au lecteur.

CHAPITRE IV

Le hasard.

I

« Comment oser parler des lois du hasard? Le hasard n'est-il pas l'antithèse de toute loi? » Ainsi s'exprime Bertrand au début de son *Calcul des probabilités*. La probabilité est opposée à la certitude; c'est donc ce qu'on ignore et par conséquent, semble-t-il, ce qu'on ne saurait calculer. Il y a là une contradiction au moins apparente et sur laquelle on a déjà beaucoup écrit.

Et d'abord qu'est-ce que le hasard? Les anciens distinguaient les phénomènes qui semblaient obéir à des lois harmonieuses, établies une fois pour toutes, et ceux qu'ils attribuaient au hasard; c'étaient ceux qu'on ne pouvait prévoir parce qu'ils étaient rebelles à toute loi. Dans chaque domaine, les lois précises ne décidaient pas de tout, elles traçaient seulement les limites entre lesquelles il était permis au hasard de se mouvoir. Dans cette conception, le mot hasard avait un sens précis, objectif : ce qui était hasard pour l'un, était aussi hasard pour l'autre et même pour les dieux.

Mais cette conception n'est plus la nôtre; nous sommes devenus des déterministes absolus, et ceux mêmes qui veulent réserver les droits du libre arbitre humain laissent du moins le déterminisme régner sans partage dans le monde inorganique. Tout phénomène, si minime qu'il soit, a une cause, et un esprit infiniment puissant, infiniment bien informé des lois de la nature, aurait pu le prévoir dès le commencement des siècles. Si un pareil esprit existait, on ne pourrait jouer avec lui à aucun jeu de hasard, on perdrait toujours.

Pour lui en effet le mot de hasard n'aurait pas de sens, ou plutôt il n'y aurait pas de hasard. C'est à cause de notre faiblesse et de notre ignorance qu'il y en aurait un pour nous. Et, même sans sortir de notre faible humanité, ce qui est hasard pour l'ignorant, n'est plus hasard pour le savant. Le hasard n'est que la mesure de notre ignorance. Les phénomènes fortuits sont, par définition, ceux dont nous ignorons les lois.

Mais cette définition est-elle bien satisfaisante? Quand les premiers bergers chaldéens suivaient des yeux les mouvements des astres, ils ne connaissaient pas encore les lois de l'Astronomie; auraient-ils songé à dire que les astres se meuvent au hasard? Si un physicien moderne étudie un phénomène nouveau, et s'il en découvre la loi le mardi, aurait-il dit le lundi que ce phénomène était fortuit? Mais il y a plus : n'invoque-t-on pas souvent, pour prédire un phénomène, ce que Bertrand appelle les lois du hasard? Et par exemple dans la théorie cinétique des gaz, on retrouve les lois connues de Mariotte et de Gay-Lussac, grâce à cette hypothèse que les vitesses des molécules gazeuses varient irrégulièrement, c'est-à-dire au hasard. Les lois observables seraient beaucoup moins simples, diront tous les physiciens, si les vitesses étaient réglées par quelque loi élémentaire simple, si les molécules étaient, comme on dit, *organisées*, si elles obéissaient à quelque discipline. C'est grâce au hasard, c'est-à-dire grâce à notre ignorance que nous pouvons conclure; et alors si le mot hasard est tout simplement synonyme d'ignorance, qu'est-ce que cela veut dire? Faut-il donc traduire comme il suit?

« Vous me demandez de vous prédire les phénomènes qui vont se produire. Si, par malheur, je connaissais les lois de ces phénomènes, je ne pourrais y arriver que par des calculs inextricables et je devrais renoncer à vous répondre; mais, comme j'ai la chance de les ignorer, je vais vous répondre tout de suite. Et, ce qu'il y a de plus extraordinaire, c'est que ma réponse sera juste. »

Il faut donc bien que le hasard soit autre chose que le nom que nous donnons à notre ignorance, que parmi les phénomènes dont nous ignorons les causes, nous devions distinguer les phénomènes fortuits, sur lesquels le calcul des probabilités nous renseignera provisoirement, et ceux qui ne sont pas fortuits et sur lesquels nous ne pouvons rien dire tant que nous n'aurons pas déterminé les lois qui les régissent. Et pour les phénomènes fortuits eux-mêmes, il est clair que les renseignements que nous fournit le calcul des probabilités ne cesseront pas d'être vrais le jour où ces phénomènes seront mieux connus.

Le directeur d'une compagnie d'assurances sur la vie ignore quand mourra chacun de ses assurés, mais il compte sur le calcul des probabilités et sur la loi des grands nombres et il ne se trompe pas puisqu'il distribue des dividendes à ses actionnaires. Ces dividendes ne s'évanouiraient pas si un médecin très perspicace et très indiscret venait, une fois les polices signées, renseigner le directeur sur les chances de vie des assurés. Ce médecin dissiperait l'ignorance du directeur, mais il n'aurait aucune influence sur les dividendes qui ne sont évidemment pas un produit de cette ignorance.

II

Pour trouver une meilleure définition du hasard, il nous faut examiner quelques-uns des faits que l'on s'accorde à regarder comme fortuits, et auxquels le calcul des probabilités paraît s'appliquer ; nous re-

chercherons ensuite quels sont leurs caractères communs.

Le premier exemple que nous allons choisir est
celui de l'équilibre instable; si un cône repose sur
sa pointe, nous savons bien qu'il va tomber, mais
nous ne savons pas de quel côté; il nous semble que
le hasard seul va en décider. Si le cône était parfaitement symétrique, si son axe était parfaitement
vertical, s'il n'était soumis à aucune autre force que
la pesanteur, il ne tomberait pas du tout. Mais le
moindre défaut de symétrie va le faire pencher légè-
rement d'un côté ou de l'autre, et dès qu'il pen-
chera, si peu que ce soit, il tombera tout à fait de ce
côté. Si même la symétrie est parfaite, une trépida-
tion très légère, un souffle d'air pourra le faire incliner de quelques secondes d'arc; ce sera assez pour
déterminer sa chute et même le sens de sa chute qui
sera celui de l'inclinaison initiale.

Une cause très petite, qui nous échappe, détermine un effet considérable que nous ne pouvons pas
ne pas voir, et alors nous disons que cet effet est dû
au hasard. Si nous connaissions exactement les lois
de la nature et la situation de l'univers à l'instant
initial, nous pourrions prédire exactement la situation de ce même univers à un instant ultérieur. Mais,
lors même que les lois naturelles n'auraient plus de
secret pour nous, nous ne pourrons connaître la
situation initiale qu'*approximativement*. Si cela
nous permet de prévoir la situation ultérieure *avec*

la même approximation, c'est tout ce qu'il nous faut, nous disons que le phénomène a été prévu, qu'il est régi par des lois; mais il n'en est pas toujours ainsi, il peut arriver que de petites différences dans les conditions initiales en engendrent de très grandes dans les phénomènes finaux; une petite erreur sur les premières produirait une erreur énorme sur les derniers. La prédiction devient impossible et nous avons le phénomène fortuit.

Notre second exemple sera fort analogue au premier et nous l'emprunterons à la météorologie. Pourquoi les météorologistes ont-ils tant de peine à prédire le temps avec quelque certitude? Pourquoi les chutes de pluie, les tempêtes elles-mêmes nous semblent-elles arriver au hasard, de sorte que bien des gens trouvent tout naturel de prier pour avoir la pluie ou le beau temps, alors qu'ils jugeraient ridicule de demander une éclipse par une prière? Nous voyons que les grandes perturbations se produisent généralement dans les régions où l'atmosphère est en équilibre instable. Les météorologistes voient bien que cet équilibre est instable, qu'un cyclone va naître quelque part; mais où, ils sont hors d'état de le dire; un dixième de degré en plus ou en moins en un point quelconque, le cyclone éclate ici et non pas là, et il étend ses ravages sur des contrées qu'il aurait épargnées. Si on avait connu ce dixième de degré, on aurait pu le savoir d'avance, mais les observations n'étaient ni assez serrées, ni assez précises, et c'est pour cela que tout semble dû à l'intervention du hasard. Ici encore nous retrouvons le même contraste entre une cause minime, inappréciable pour l'observateur, et des effets considérables, qui sont quelquefois d'épouvantables désastres.

Passons à un autre exemple, la distribution des petites planètes sur le zodiaque. Leurs longitudes initiales ont pu être quelconques; mais leurs moyens mouvements étaient différents et elles circulent depuis si longtemps qu'on peut dire qu'actuellement, elles sont distribuées *au hasard* le long du zodiaque. De très petites différences initiales entre leurs distances au soleil ou, ce qui revient au même, entre leurs mouvements moyens, ont fini par donner d'énormes différences entre leurs longitudes actuelles; un excès d'un millième de seconde dans le moyen mouvement diurne donnera en effet une seconde en trois ans, un degré en dix mille ans, une circonférence entière en trois ou quatre millions d'années, et qu'est-ce que cela auprès du temps qui s'est écoulé depuis que les petites planètes se sont détachées de la nébuleuse de Laplace? Voici donc une fois de plus une petite cause et un grand effet; ou mieux de petites différences dans la cause et de grandes différences dans l'effet.

Le jeu de la roulette nous éloigne moins qu'il ne semble de l'exemple précédent. Supposons une aiguille qu'on peut faire tourner autour d'un pivot, sur un cadran divisé en 100 secteurs alternativement rouges et noirs. Si elle s'arrête sur un secteur rouge, la partie est gagnée, sinon, elle est perdue. Tout dépend évidemment de l'impulsion initiale que nous donnons à l'aiguille. L'aiguille fera, je suppose, 10 ou 20 fois le tour, mais elle s'arrêtera plus ou moins vite, suivant que j'aurai poussé plus ou moins fort. Seulement il suffit que l'impulsion varie d'un millième, ou d'un deux millième, pour que mon aiguille s'arrête à un secteur qui est noir, ou au secteur suivant qui est rouge. Ce sont là des différences que le sens musculaire ne peut apprécier et qui échapperaient même à des instruments plus délicats. Il m'est donc impossible de prévoir ce que va faire l'aiguille que je viens de lancer, et c'est pourquoi mon cœur bat et que j'attends tout du hasard. La différence dans la cause est imperceptible, et la différence dans l'effet est pour moi de la plus haute importance, puisqu'il y va de toute ma mise.

III

Qu'on me permette à ce propos une réflexion un peu étrangère à mon sujet. Un philosophe a dit il y a quelques années que l'avenir était déterminé par le passé, mais que le passé ne l'était pas par l'avenir; ou, en d'autres termes, que de la connaissance du présent nous pouvions déduire celle de l'avenir, mais non celle du passé; parce que, disait-il, une cause ne peut produire qu'un effet, tandis qu'un même effet peut être produit par plusieurs causes différentes. Il est clair qu'aucun savant ne peut souscrire à cette conclusion ; les lois de la nature lient l'antécédent au conséquent de telle sorte que l'antécédent est déterminé par le conséquent aussi bien que le conséquent par l'antécédent. Mais quelle a pu être l'origine de l'erreur de ce philosophe ? Nous savons qu'en vertu du principe de Carnot, les phénomènes physiques sont irréversibles et que le monde tend vers l'uniformité. Quand deux corps de température différente sont en présence, le plus chaud cède de la chaleur au plus froid ; nous pouvons donc prévoir que les températures s'égaliseront. Mais une fois que les températures seront devenues égales, si on nous interroge sur l'état antérieur, que pourrons-nous répondre ? Nous dirons bien que l'un des corps était chaud et l'autre froid, mais nous ne pourrons pas deviner lequel des deux était autrefois le plus chaud.

Et cependant, en réalité, les températures n'arrivent jamais à l'égalité parfaite. La différence des températures tend seulement vers zéro d'une façon asymptotique. Il arrive alors un moment où nos thermomètres sont impuissants à la déceler. Mais si nous avions des thermomètres mille fois, cent mille fois plus sensibles, nous reconnaîtrions qu'il subsiste encore une petite différence, et que l'un des corps est resté un peu plus chaud que l'autre ; et alors nous pourrions affirmer que c'est celui-là qui a été autrefois beaucoup plus chaud que l'autre.

Il y a donc alors, contrairement à ce que nous avons vu dans les exemples précédents, de grandes différences dans la cause et de petites différences dans l'effet. Flammarion avait imaginé autrefois un observateur qui s'éloignerait de la Terre avec une vitesse plus grande que celle de la lumière; pour lui le temps serait changé de signe. L'histoire serait retournée, et Waterloo précéderait Austerlitz. Eh bien, pour cet observateur, les effets et les causes seraient intervertis; l'équilibre instable ne serait plus l'exception; à cause de l'irréversibilité universelle, tout lui semblerait sortir d'une sorte de chaos en équilibre instable; la nature entière lui apparaîtrait comme livrée au hasard.

IV

Voici maintenant d'autres exemples où nous allons voir apparaître des caractères un peu différents. Prenons d'abord la théorie cinétique des gaz. Comment devons-nous nous représenter un récipient rempli de gaz? D'innombrables molécules, animées de grandes vitesses, sillonnent ce récipient dans tous les sens; à chaque instant elles choquent les parois, ou bien elles se choquent entre elles; et ces chocs ont lieu dans les conditions les plus diverses. Ce qui nous frappe surtout ici, ce n'est pas la petitesse des causes, c'est leur complexité. Et cependant, le premier élément se retrouve encore ici et joue un rôle important. Si une molécule était déviée vers la gauche ou la droite de sa trajectoire, d'une quantité très petite, comparable au rayon d'action des molécules gazeuses, elle éviterait un choc, ou elle le subirait dans des conditions différentes, et cela ferait varier, peut-être de 90° ou de 180°, la direction de sa vitesse après le choc.

Et ce n'est pas tout, il suffit, nous venons de le voir, de dévier la molécule avant le choc d'une quantité infiniment petite, pour qu'elle soit déviée, après le choc, d'une quantité finie. Si alors la molécule subit deux chocs successifs, il suffira de la dévier, avant le premier choc, d'une quantité infiniment petite du second ordre, pour qu'elle le soit, après le premier choc, d'une quantité infiniment petite du premier ordre et après le second choc, d'une quantité finie. Et la molécule ne subira pas deux chocs seulement, elle en subira un très grand nombre par seconde. De sorte que si le premier choc a multiplié la déviation par un très grand nombre A, après n chocs, elle sera multipliée par A^n; elle sera donc devenue très grande, non seulement parce que A est grand, c'est-à-dire parce que les petites causes produisent de grands effets, mais parce que l'exposant n est grand, c'est-à-dire parce que les chocs sont très nombreux et que les causes sont très complexes.

Passons à un deuxième exemple ; pourquoi, dans une averse, les gouttes de pluie nous semblent-elles distribuées au hasard? C'est encore à cause de la complexité des causes qui déterminent leur formation. Des ions se sont répandus dans l'atmosphère, pendant longtemps ils ont été soumis à des courants d'air constamment changeants, ils ont été entraînés dans des tourbillons de très petites dimensions, de sorte que leur distribution finale n'a plus aucun rapport avec leur distribution initiale. Tout à coup, la température s'abaisse, la vapeur se condense et chacun de ces ions devient le centre d'une goutte de pluie. Pour savoir quelle sera la distribution de ces gouttes et combien il en tombera sur chaque pavé, il ne suffirait pas de connaître la situation initiale des ions, il faudrait supputer l'effet de mille courants d'air minuscules et capricieux.

Et c'est encore la même chose si on met des grains de poussière en suspension dans l'eau ; le vase est sillonné par des courants dont nous ignorons la loi, nous savons seulement qu'elle est très compliquée, au bout d'un certain temps, les grains seront distribués au hasard, c'est-à-dire uniformément, dans ce vase ; et cela est dû précisément à la complication de ces courants. S'ils obéissaient à quelque loi simple, si, par exemple, le vase était de révolution et si les courants circulaient autour de l'axe du vase en décrivant des cercles, il n'en serait plus de même, puisque chaque grain conserverait sa hauteur initiale et sa distance initiale à l'axe.

On arriverait au même résultat en envisageant le mélange de deux liquides ou de deux poudres à grains fins. Et pour prendre un exemple plus grossier, c'est aussi ce qui arrive quand on bat les cartes d'un jeu. À chaque coup, les cartes subissent une permutation (analogue à celle qu'on étudie dans la théorie des substitutions). Quelle est celle qui se réalisera? La probabilité, pour que ce soit telle permutation (par exemple celle qui amène au rang n la carte qui occupait le rang $\varphi(n)$ avant la permutation), cette probabilité, dis-je, dépend des habitudes du joueur. Mais si ce joueur bat les cartes assez longtemps, il y aura un grand nombre de permutations successives; et l'ordre final qui en résultera ne sera plus régi que par le hasard; je veux dire que tous les ordres possibles seront également probables. C'est au grand nombre des permutations successives, c'est-à-dire à la complexité du phénomène que ce résultat est dû.

Un mot enfin de la théorie des erreurs. C'est ici que les causes sont complexes et qu'elles sont multiples. À combien de pièges n'est pas exposé l'observateur, même avec le meilleur instrument! Il doit s'attacher à apercevoir les plus gros et à les éviter. Ce sont ceux qui donnent naissance aux erreurs systématiques. Mais quand il les a éliminés, en admettant qu'il y parvienne, il en reste beaucoup de petits, mais qui, en accumulant leurs effets, peuvent devenir dangereux. C'est de là que proviennent les erreurs accidentelles; et nous les attribuons au hasard parce que leurs causes sont trop compliquées et trop nombreuses. Ici encore, nous n'avons que de petites causes, mais chacune d'elles ne produirait qu'un petit effet, c'est par leur union et par leur nombre que leurs effets deviennent redoutables.

V

On peut se placer encore à un troisième point de vue qui a moins d'importance que les deux premiers et sur lequel j'insisterai moins. Quand on cherche à prévoir un fait et qu'on en examine les antécédents, on s'efforce de s'enquérir de la situation antérieure; mais on ne saurait le faire pour toutes les parties de l'univers, on se contente de savoir ce qui se passe dans le voisinage du point où le fait doit se produire, ou ce qui paraît avoir quelque rapport avec ce fait. Une enquête ne peut être complète, et il faut savoir choisir. Mais il peut arriver que nous ayons laissé de côté des circonstances qui, au premier abord, semblaient complètement étrangères au fait prévu, auxquelles on n'aurait jamais songé à attribuer aucune influence et qui, cependant, contre toute prévision, viennent à jouer un rôle important.

Un homme passe dans la rue en allant à ses affaires; quelqu'un qui aurait été au courant de ces affaires, pourrait dire pour quelle raison il est parti à telle heure, pourquoi il a passé par telle rue. Sur le toit, travaille un couvreur; l'entrepreneur qui l'emploie pourra, dans une certaine mesure, prévoir ce qu'il va faire. Mais l'homme ne pense guère au couvreur, ni le couvreur à l'homme : ils semblent appartenir à deux mondes complètement étrangers l'un à l'autre. Et pourtant, le couvreur laisse tomber une tuile qui tue l'homme, et on n'hésitera pas à dire que c'est là un hasard.

Notre faiblesse ne nous permet pas d'embrasser l'univers tout entier, et nous oblige à le découper en tranches. Nous cherchons à le faire aussi peu artificiellement que possible, et néanmoins, il arrive, de temps en temps, que deux de ces tranches réagissent l'une sur l'autre. Les effets de cette action mutuelle nous paraissent alors dus au hasard.

Est-ce là une troisième manière de concevoir le hasard? Pas toujours; en effet, la plupart du temps, on est ramené à la première ou à la seconde. Toutes les fois que deux mondes, généralement étrangers l'un à l'autre, viennent ainsi à réagir l'un sur l'autre, les lois de cette réaction ne peuvent être que très complexes, et, d'autre part, il aurait suffi d'un très petit changement dans les conditions initiales de ces deux mondes pour que la réaction n'eût pas lieu.

Qu'il aurait fallu peu de chose pour que l'homme passât une seconde plus tard, ou que le couvreur laissât tomber sa tuile une seconde plus tôt!

VI

Tout ce que nous venons de dire ne nous explique pas encore pourquoi le hasard obéit à des lois. Suffit-il que les causes soient petites, ou qu'elles soient complexes, pour que nous puissions prévoir, sinon quels en sont les effets *dans chaque cas*, mais au moins ce que seront ces effets *en moyenne?* Pour répondre à cette question, le mieux est de reprendre quelques-uns des exemples cités plus haut.

Je commencerai par celui de la roulette. J'ai dit que le point où s'arrêtera l'aiguille va dépendre de l'impulsion initiale qui lui est donnée. Quelle est la probabilité pour que cette impulsion ait telle ou telle valeur? Je n'en sais rien, mais il m'est difficile de ne pas admettre que cette probabilité est représentée par une fonction analytique continue. La probabilité pour que l'impulsion soit comprise entre a et $a + \varepsilon$, sera alors sensiblement égale à la probabilité pour qu'elle soit comprise entre $a + \varepsilon$ et $a + 2\varepsilon$, *pourvu que ε soit très petit*. C'est là une propriété commune à toutes les fonctions analytiques. Les petites variations de la fonction sont proportionnelles aux petites variations de la variable.

Mais, nous l'avons supposé, une très petite variation de l'impulsion suffit pour changer la couleur du secteur devant lequel l'aiguille finira par s'arrêter. De a à $a + \varepsilon$, c'est le rouge; de $a + \varepsilon$ à $a + 2\varepsilon$, c'est le noir; la probabilité de chaque secteur rouge est donc la même que celle du secteur noir suivant, et, par conséquent, la probabilité totale du rouge est égale à la probabilité totale du noir.

La donnée de la question, c'est la fonction analytique qui représente la probabilité d'une impulsion initiale déterminée. Mais le théorème reste vrai, quelle que soit cette donnée, parce qu'il dépend d'une propriété commune à toutes les fonctions analytiques. Il en résulte que finalement nous n'avons plus aucun besoin de la donnée.

Ce que nous venons de dire pour le cas de la roulette, s'applique aussi à l'exemple des petites planètes. Le zodiaque peut être regardé comme une immense roulette sur laquelle le créateur a lancé un très grand nombre de petites boules auxquelles il a communiqué des impulsions initiales diverses, variant suivant une loi d'ailleurs quelconque. Leur distribution actuelle est uniforme et indépendante de cette loi, pour la même raison que dans le cas précédent. On voit ainsi pourquoi les phénomènes obéissent aux lois du hasard quand de petites différences dans les causes suffisent pour amener de grandes différences dans les effets. Les probabilités de ces petites différences peuvent alors être regardées comme proportionnelles à ces différences elles-mêmes, justement parce que ces différences sont petites et que les petits accroissements d'une fonction continue sont proportionnels à ceux de la variable.

Passons à un exemple entièrement différent, où intervient surtout la complexité des causes ; je suppose qu'un joueur batte un jeu de cartes. A chaque battement, il intervertit l'ordre des cartes, et il peut les intervertir de plusieurs manières. Supposons trois cartes seulement pour simplifier l'exposition. Les cartes qui, avant le battement, occupaient respectivement les rangs 123, pourront, après le battement, occuper les rangs

$$123, \ 231, \ 312, \ 321, \ 132, \ 213.$$

Chacune de ces six hypothèses est possible et elles ont respectivement pour probabilités :

$$p_1, \ p_2, \ p_3, \ p_4, \ p_5, \ p_6.$$

La somme de ces six nombres est égale à 1 ; mais c'est tout ce que nous en savons ; ces six probabilités dépendent naturellement des habitudes du joueur que nous ne connaissons pas.

Au second battement et aux suivants, cela recommencera et dans les mêmes conditions ; je veux dire que p_4, par exemple, représente toujours la probabilité pour que les trois cartes qui occupaient après le n^e battement et avant le $n+1^e$ les rangs 123, pour que ces trois cartes, dis-je, occupent les rangs 321 après le $n+1^e$ battement. Et cela reste vrai, quel que soit le nombre n puisque les habitudes du joueur, sa façon de battre restent les mêmes.

Mais si le nombre des battements est très grand,

les cartes qui, avant le 1er battement, occupaient les rangs 123, pourront, après le dernier battement, occuper les rangs

$$123, \ 231, \ 312, \ 321, \ 132, \ 213$$

et la probabilité de ces six hypothèses sera sensiblement la même et égale à $\dfrac{1}{6}$; et cela sera vrai, quels que soient les nombres $p_1, \ldots, p_6$ que nous ne connaissons pas. Le grand nombre des battements, c'est-à-dire la complexité des causes, a produit l'uniformité.

Cela s'appliquerait sans changement s'il y avait plus de trois cartes, mais, même avec trois cartes, la démonstration serait compliquée; je me contenterai de la donner pour deux cartes seulement. Nous n'avons plus que deux hypothèses.

$$12, \ 21$$

avec les probabilités p_1 et $p_2 = 1 - p_1$. Supposons n battements et supposons que je gagne 1 franc si les cartes sont finalement dans l'ordre initial, et que j'en perde un si elles sont finalement interverties. Alors, mon espérance mathématique sera

$$(p_1 - p_2)^n.$$

La différence $p_1 - p_2$ est certainement plus petite que 1; de sorte que si n est très grand, mon espérance sera nulle; nous n'avons pas besoin de connaître p_1 et p_2 pour savoir que le jeu est équitable.

Il y aurait une exception, toutefois, si l'un des nombres p_1 et p_2 était égal à 1 et l'autre nul. *Cela ne marcherait plus alors parce que nos hypothèses initiales seraient trop simples.*

Ce que nous venons de voir ne s'applique pas seulement au mélange des cartes, mais à tous les mélanges, à ceux des poudres et des liquides; et même à ceux des molécules gazeuses dans la théorie cinétique des gaz. Pour en revenir à cette théorie, supposons pour un instant un gaz dont les molécules ne puissent se choquer mutuellement, mais puissent être déviées par des chocs sur les parois du vase où le gaz est renfermé. Si la forme du vase est suffisamment compliquée, la distribution des molécules et celle des vitesses ne tarderont pas à devenir uniformes. Il n'en sera plus de même si le vase est sphérique ou s'il a la forme d'un parallélipipède rectangle; pourquoi? Parce que, dans le premier cas, la distance du centre à une trajectoire quelconque demeurera constante; dans le second cas, ce sera la valeur absolue de l'angle de chaque trajectoire avec les faces du parallélipipède.

On voit ainsi ce que l'on doit entendre par conditions *trop simples*; ce sont celles qui conservent quelque chose, qui laissent subsister un invariant. Les équations différentielles du problème sont-elles trop simples pour que nous puissions appliquer les lois du hasard? Cette question paraît, au premier abord, dénuée de sens précis; nous savons maintenant ce qu'elle veut dire. Elles sont trop simples, si elles conservent quelque chose, si elles admettent une intégrale uniforme; si quelque chose des conditions initiales demeure inaltéré, il est clair que la situation finale ne pourra plus être indépendante de la situation initiale.

Venons enfin à la théorie des erreurs. A quoi sont dues les erreurs accidentelles, nous l'ignorons, et c'est justement parce que nous l'ignorons que nous savons qu'elles vont obéir à la loi de Gauss. Tel est le paradoxe. Il s'explique à peu près de la même manière que dans les cas précédents. Nous n'avons besoin de savoir qu'une chose : que les erreurs sont très nombreuses, qu'elles sont très petites, que chacune d'elles peut être aussi bien négative que positive. Quelle est la courbe de probabilité de chacune d'elles? nous n'en savons rien, nous supposons seulement que cette courbe est symétrique. On démontre alors que l'erreur résultante suivra la loi de Gauss, et cette loi résultante est indépendante des lois particulières que nous ne connaissons pas. Ici encore la simplicité du résultat est née de la complication même des données.

VII

Mais nous ne sommes pas au bout des paradoxes. J'ai repris tout à l'heure la fiction de Flammarion, celle de l'homme qui va plus vite que la lumière et pour qui le temps est changé de signe. J'ai dit que pour lui tous les phénomènes sembleraient dus au hasard. Cela est vrai à un certain point de vue, et cependant tous ces phénomènes à un instant donné ne seraient pas distribués conformément aux lois du hasard, puisqu'ils le seraient comme pour nous, qui les voyant se dérouler harmonieusement et sans sortir d'un chaos primitif, ne les regardons pas comme réglés par le hasard.

Qu'est-ce que cela veut dire ? Pour Lumen, l'homme de Flammarion, de petites causes semblent produire de grands effets ; pourquoi les choses ne se passent-elles pas comme pour nous quand nous croyons voir de grands effets dus à de petites causes? Le même raisonnement ne serait-il pas applicable à son cas?

Revenons sur ce raisonnement : quand de petites différences dans les causes en engendrent de grandes dans les effets, pourquoi ces effets sont-ils distribués d'après les lois du hasard ? Je suppose qu'une différence d'un millimètre sur la cause produise une différence d'un kilomètre dans l'effet. Si je dois gagner dans le cas où l'effet correspondra à un kilomètre portant un numéro pair, ma probabilité de gagner sera $\frac{1}{2}$; pourquoi? Parce qu'il faut pour cela que la cause corresponde à un millimètre de numéro pair. Or, selon toute apparence, la probabilité pour que la cause varie entre certaines limites sera proportionnelle à la distance de ces limites, pourvu que cette distance soit très petite. Si l'on n'admettait pas cette hypothèse, il n'y aurait plus moyen de représenter la probabilité par une fonction continue.

Qu'arrivera-t-il maintenant quand de grandes causes produiront de petits effets? C'est le cas où nous n'attribuerions pas le phénomène au hasard, et où Lumen au contraire l'attribuerait au hasard. A une différence d'un kilomètre dans la cause correspondrait une différence d'un millimètre dans l'effet. La probabilité pour que la cause soit comprise entre deux limites distantes de n kilomètres, sera-t-elle encore proportionnelle à n? Nous n'avons aucune raison de le supposer, puisque cette distance de n kilomètres est grande. Mais la probabilité pour que l'effet reste compris entre deux limites distantes de n millimètres sera précisément la même, elle ne sera donc pas proportionnelle à n, et cela bien que cette distance de n millimètres soit petite. Il n'y a donc pas moyen de représenter la loi de probabilité des effets par une courbe continue; entendons-nous bien, cette courbe pourra rester continue au sens *analytique* du mot, à des variations *infiniment petites* de l'abscisse correspondront des variations infiniment petites de l'ordonnée. Mais *pratiquement* elle ne serait pas continue puisque, à des variations *très petites* de l'abscisse, ne correspondraient pas des variations très petites de l'ordonnée. Il deviendrait impossible de tracer la courbe avec un crayon ordinaire : voilà ce que je veux dire.

Que devons-nous donc conclure ? Lumen n'a pas le droit de dire que la probabilité de la cause (celle de *sa* cause, qui est notre effet à nous) doit nécessairement être représentée par une fonction continue. Mais alors, nous, pourquoi avons-nous ce droit? C'est parce que cet état d'équilibre instable, que nous appelions tout à l'heure initial, n'est lui-même que le point d'aboutissement d'une longue histoire antérieure. Dans le cours de cette histoire, des causes complexes ont agi et elles ont agi long-temps : elles ont contribué à opérer le mélange des éléments et elles ont tendu à tout uniformiser, au moins dans un petit espace; elles ont arrondi les angles, nivelé les montagnes et comblé les vallées : quelque capricieuse et irrégulière qu'ait pu être la courbe primitive qu'on leur a livrée, elles ont tant travaillé à la régulariser, qu'elles nous rendront finalement une courbe continue. Et c'est pourquoi nous en pouvons en toute confiance admettre la continuité.

Lumen n'aurait pas les mêmes raisons de conclure ainsi; pour lui, les causes complexes ne lui paraîtraient pas des agents de régularité et de nivellement, elles ne créeraient au contraire que la différenciation et l'inégalité. Il verrait sortir un monde de plus en plus varié d'une sorte de chaos primitif; les changements qu'il observerait seraient pour lui

imprévus et impossibles à prévoir ; ils lui paraîtraient
dus à je ne sais quel caprice ; mais ce caprice serait
tout autre chose que notre hasard, puisqu'il serait
rebelle à toute loi, tandis que notre hasard a encore
les siennes. Tous ces points demanderaient de longs
développements, qui aideraient peut-être à mieux
comprendre l'irréversibilité de l'univers.

VIII

Nous avons cherché à définir le hasard, et il convient maintenant de se poser une question. Le
hasard, étant ainsi défini dans la mesure où il peut
l'être, a-t-il un caractère objectif ?

On peut se le demander. J'ai parlé de causes très
petites ou très complexes. Mais ce qui est très petit
pour l'un ne peut-il être grand pour l'autre, et ce
qui semble très complexe à l'un ne peut-il paraître
simple à l'autre ? J'ai déjà répondu en partie, puisque j'ai dit plus haut d'une façon précise dans quel
cas des équations différentielles deviennent trop
simples pour que les lois du hasard restent applicables. Mais il convient d'examiner la chose d'un
peu plus près, car on peut se placer encore à d'autres
points de vue.

Que signifie le mot très petit ? Il suffit pour le
comprendre de se reporter à ce que nous avons dit
plus haut. Une différence est très petite, un intervalle est très petit lorsque, dans les limites de cet

intervalle, la probabilité reste sensiblement constante. Et pourquoi cette probabilité peut-elle être regardée comme constante dans un petit intervalle ? C'est parce que nous admettons que la loi de probabilité est représentée par une courbe continue ; et non seulement continue au sens analytique du mot, mais *pratiquement* continue, comme je l'expliquais plus haut. Cela veut dire que non seulement elle ne présentera pas d'hiatus absolu, mais qu'elle n'aura pas non plus de saillants et de rentrants trop aigus ou trop accentués.

Et qu'est-ce qui nous donne le droit de faire cette hypothèse ? Nous l'avons dit plus haut, c'est parce que, depuis le commencement des siècles, il y a des causes complexes qui ne cessent d'agir dans le même sens et qui font tendre constamment le monde vers l'uniformité sans qu'il puisse jamais revenir en arrière. Ce sont ces causes qui ont peu à peu abattu les saillants et rempli les rentrants, et c'est pour cela que nos courbes de probabilité n'offrent plus que des ondulations lentes. Dans des milliards de milliards de siècles, on aura fait un pas de plus vers l'uniformité et ces ondulations seront dix fois plus lentes encore : le rayon de courbure moyen de notre courbe sera devenu dix fois plus grand. Et alors telle longueur qui aujourd'hui ne nous semble pas très petite, parce que sur notre courbe un arc de cette longueur ne peut être regardé comme rectiligne, devra au contraire à cette époque être qualifiée de très petite, puisque la courbure sera devenue dix fois moindre, et qu'un arc de cette longueur pourra être sensiblement assimilé à une droite.

Ainsi ce mot de très petit reste relatif; mais il n'est pas relatif à tel homme ou à tel autre, il est relatif à l'état actuel du monde. Il changera de sens quand le monde sera devenu plus uniforme, que toutes les choses se seront mélangées plus encore. Mais alors sans doute les hommes ne pourront plus vivre et devront faire place à d'autres êtres; dois-je dire beaucoup plus petits ou beaucoup plus grands? De sorte que notre critérium, restant vrai pour tous les hommes, conserve un sens objectif.

Et que veut dire d'autre part le mot très complexe? J'ai déjà donné une solution, et c'est celle que j'ai rappelée au début de ce paragraphe, mais il y en a d'autres. Les causes complexes, nous l'avons dit, produisent un mélange de plus en plus intime, mais au bout de combien de temps ce mélange nous satisfera-t-il? Quand aura-t-on accumulé assez de complications? Quand aura-t-on suffisamment battu les cartes? Si nous mélangeons deux poudres, l'une bleue et l'autre blanche, il arrive un moment où la teinte du mélange nous paraît uniforme; c'est à cause de l'infirmité de nos sens; elle sera uniforme pour le presbyte qui est obligé de regarder de loin quand elle ne le sera pas encore pour le myope. Et quand elle le sera devenue pour toutes les vues, on pourra encore reculer la limite par l'emploi des instruments. Il n'y a pas de chance pour qu'aucun homme discerne jamais la variété infinie qui, si la théorie cinétique est vraie, se dissimule sous l'apparence uniforme d'un gaz. Et cependant, si on adopte les idées de Gouy sur le mouvement brownien, le microscope ne semble-t-il pas sur le point de nous montrer quelque chose d'analogue?

Ce nouveau critérium est donc relatif comme le premier et s'il conserve un caractère objectif, c'est parce que tous les hommes ont à peu près les mêmes sens, que la puissance de leurs instruments est limitée et qu'ils ne s'en servent d'ailleurs qu'exceptionnellement.

IX

C'est la même chose dans les sciences morales et en particulier dans l'histoire. L'historien est obligé de faire un choix dans les événements de l'époque qu'il étudie ; il ne raconte que ceux qui lui semblent les plus importants. Il s'est donc contenté de relater les événements les plus considérables du xvi⁰ siècle par exemple, de même que les faits les plus remarquables du xvii⁰ siècle. Si les premiers suffisent pour expliquer les seconds, on dit que ceux-ci sont conformes aux lois de l'histoire. Mais si un grand événement du xvii⁰ siècle reconnaît pour cause un petit fait du xvi⁰ siècle, qu'aucune histoire ne rapporte, que tout le monde a négligé, alors on dit que cet événement est dû au hasard, ce mot a donc le même sens que dans les sciences physiques; il signifie que de petites causes ont produit de grands effets.

Le plus grand hasard est la naissance d'un grand homme. Ce n'est que par hasard que se sont rencontrées deux cellules génitales, de sexe différent, qui contenaient précisément, chacune de son côté, les éléments mystérieux dont la réaction mutuelle devait produire le génie. On tombera d'accord que ces éléments doivent être rares et que leur rencontre est encore plus rare. Qu'il aurait fallu peu de chose pour dévier de sa route le spermatozoïde qui les portait; il aurait suffi de le dévier d'un dixième de millimètre et Napoléon ne naissait pas et les destinées d'un continent étaient changées. Nul exemple ne peut mieux faire comprendre les véritables caractères du hasard.

Un mot encore sur les paradoxes auxquels a donné lieu l'application du calcul des probabilités aux sciences morales. On a démontré qu'aucune Chambre ne contiendrait jamais aucun député de l'opposition, ou du moins un tel événement serait tellement improbable qu'on pourrait sans crainte parier le contraire, et parier un million contre un sou. Condorcet s'est efforcé de calculer combien il fallait de jurés pour qu'une erreur judiciaire devînt pratiquement impossible. Si on avait utilisé les résultats de ce calcul, on se serait certainement exposé aux mêmes déceptions qu'en pariant sur la foi du calcul que l'opposition n'aurait jamais aucun représentant.

Les lois du hasard ne s'appliquent pas à ces questions. Si la justice ne se décide pas toujours par de bonnes raisons, elle use moins qu'on ne croit de la méthode de Bridoye; c'est peut-être fâcheux, puisque alors le système de Condorcet nous mettrait à l'abri des erreurs judiciaires.

Qu'est-ce à dire? Nous sommes tentés d'attribuer au hasard les faits de cette nature parce que les causes en sont obscures; mais ce n'est pas là le vrai hasard. Les causes nous sont inconnues, il est vrai, et même elles sont complexes; mais elles ne le sont pas assez puisqu'elles conservent quelque chose; nous avons vu que c'est là ce qui distingue les causes « trop simples ». Quand des hommes sont rapprochés, ils ne se décident plus au hasard et indépendamment les uns des autres; ils réagissent les uns sur les autres. Des causes multiples entrent en action, elles troublent les hommes, les entraînent à droite et à gauche, mais il y a une chose qu'elles ne peuvent détruire, ce sont leurs habitudes de moutons de Panurge. Et c'est cela qui se conserve.

X

L'application du calcul des probabilités aux sciences exactes entraîne aussi bien des difficultés.

Pourquoi les décimales d'une table de logarithmes, pourquoi celles du nombre π sont-elles distribuées conformément aux lois du hasard? J'ai déjà ailleurs étudié la question en ce qui concerne les logarithmes, et là, cela est facile; il est clair qu'une petite différence sur l'argument donnera une petite différence sur le logarithme, mais une grande différence sur la sixième décimale du logarithme. Nous retrouvons toujours le même critérium.

Mais pour le nombre π, cela présente plus de difficultés et je n'ai pour le moment rien de bon à dire.

Il y aurait beaucoup d'autres questions à soulever, si je voulais les aborder avant d'avoir résolu celle que je m'étais plus spécialement proposée. Quand nous constatons un résultat simple, quand nous trouvons un nombre rond par exemple, nous disons qu'un pareil résultat ne peut pas être dû au hasard, et nous cherchons pour l'expliquer une cause non fortuite. Et en effet il n'y a qu'une très faible probabilité pour qu'entre 10 000 nombres, le hasard amène un nombre rond, le nombre 10 000 par exemple; il y a seulement une chance sur 10 000. Mais il n'y a non plus qu'une chance sur 10 000 pour qu'il amène n'importe quel autre nombre; et cependant ce résultat ne nous étonnera pas et il ne nous répugnera pas de l'attribuer au hasard; et cela simplement parce qu'il sera moins frappant.

Y a-t-il là de notre part une simple illusion, ou bien y a-t-il des cas où cette façon de voir est légi-

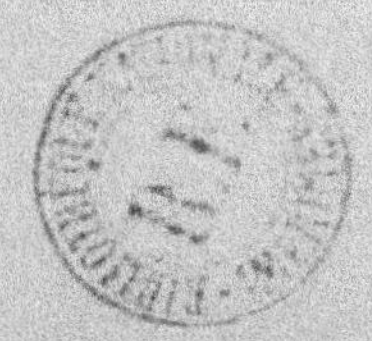

time? Il faut l'espérer, car sans cela toute science serait impossible. Quand nous voulons contrôler une hypothèse, que faisons-nous? Nous ne pouvons en vérifier toutes les conséquences, puisqu'elles seraient en nombre infini; nous nous contentons d'en vérifier quelques-unes et si nous réussissons, nous déclarons l'hypothèse confirmée, car tant de succès ne sauraient être dus au hasard. Et c'est toujours au fond le même raisonnement.

Je ne puis ici le justifier complètement, cela me prendrait trop de temps; mais je puis dire au moins ceci : nous nous trouvons en présence de deux hypothèses, ou bien une cause simple, ou bien cet ensemble de causes complexes que nous appelons le hasard. Nous trouvons naturel d'admettre que la première doit produire un résultat simple, et alors, si nous constatons ce résultat simple, le nombre rond par exemple, il nous paraît plus vraisemblable de l'attribuer à la cause simple qui devait nous le donner presque certainement, qu'au hasard qui ne pouvait nous le donner qu'une fois sur 10000. Il n'en sera plus de même si nous constatons un résultat qui n'est pas simple; le hasard, il est vrai, ne l'amènera pas non plus plus d'une fois sur 10000 ; mais la cause simple n'a pas plus de chance de le produire.

LIVRE II

LE RAISONNEMENT MATHÉMATIQUE

CHAPITRE I

La Relativité de l'Espace.

I

Il est impossible de se représenter l'espace vide ; tous nos efforts pour imaginer un espace pur, d'où seraient exclues les images changeantes des objets matériels, ne peuvent aboutir qu'à une représentation où les surfaces fortement colorées, par exemple, sont remplacées par des lignes à faible coloration et l'on ne pourrait aller jusqu'au bout dans cette voie, sans que tout s'évanouisse et aboutisse au néant. C'est de là que provient la relativité irréductible de l'espace.

Quiconque parle de l'espace absolu, emploie un mot vide de sens. C'est là une vérité qui a été proclamée depuis longtemps par tous ceux qui ont réfléchi à la question, mais qu'on est trop souvent porté à oublier.

Je suis en un point déterminé de Paris, place du Panthéon, par exemple, et je dis : je reviendrai *ici* demain. Si l'on me demande : Entendez-vous que vous reviendrez au même point de l'espace, je serai tenté de répondre : Oui; et cependant j'aurai tort, puisque d'ici à demain la Terre aura marché, entraînant avec elle la place du Panthéon, qui aura parcouru plus de 2 millions de kilomètres. Et, si je voulais préciser mon langage, je n'y gagnerais rien, puisque ces 2 millions de kilomètres, notre globe les a parcourus dans son mouvement par rapport au soleil, que le soleil se déplace à son tour par rapport à la Voie Lactée, que la Voie Lactée elle-même est sans doute en mouvement sans que nous puissions connaître sa vitesse. De sorte que nous ignorons complètement et que nous ignorerons toujours de combien la place du Panthéon se déplace en un jour. En somme, j'ai voulu dire : demain je verrai de nouveau le dôme et le fronton du Panthéon, et s'il n'y avait pas de Panthéon, ma phrase n'aurait aucun sens et l'espace s'évanouirait.

C'est là une des formes les plus banales du principe de la relativité de l'espace; mais il en est une autre, sur laquelle Delbeuf a particulièrement insisté. Supposons que, dans une nuit, toutes les dimensions de l'univers deviennent mille fois plus grandes : le monde sera resté *semblable* à lui-même, en donnant au mot de *similitude* le même sens qu'au troisième livre de géométrie. Seulement, ce qui avait un mètre de long mesurera désormais un kilomètre, ce qui était long d'un millimètre deviendra long d'un mètre. Le lit où je suis couché et mon corps lui-même se seront agrandis dans la même proportion. Quand je me réveillerai, le lendemain matin, quel sentiment éprouverai-je en présence d'une aussi étonnante transformation? Eh bien, je ne m'apercevrai de rien du tout. Les mesures les plus précises seront incapables de me rien révéler de cet immense bouleversement, puisque les mètres dont je me servirai auront varié précisément dans les mêmes proportions que les objets que je chercherai à mesurer. En réalité, ce bouleversement n'existe que pour ceux qui raisonnent comme si l'espace était absolu. Si j'ai raisonné un instant comme eux, c'est pour mieux faire voir que leur façon de voir implique contradiction. En réalité, il vaudrait mieux dire que l'espace étant relatif, il ne s'est rien passé du tout et que c'est pour cela que nous ne nous sommes aperçus de rien.

A-t-on le droit, en conséquence, de dire que l'on connaît la distance entre deux points? Non, puisque cette distance pourrait subir d'énormes variations

sans que nous puissions nous en apercevoir, pourvu
que les autres distances aient varié dans les mêmes
proportions. Tout à l'heure, nous avions vu que
quand je dis : Je serai ici demain, cela ne voulait
pas dire : Je serai demain au point de l'espace où
je suis aujourd'hui, mais : Je serai demain à la
même distance du Panthéon qu'aujourd'hui. Et voici
que cet énoncé n'est plus suffisant et que je dois
dire : Demain et aujourd'hui, ma distance du Panthéon sera égale à un même nombre de fois la longueur de mon corps.

Mais ce n'est pas tout, j'ai supposé que les dimensions du monde variaient, mais que du moins ce
monde restait toujours semblable à lui-même. On
peut aller beaucoup plus loin et une des théories les
plus étonnantes des physiciens modernes va nous
en fournir l'occasion. D'après Lorentz et Fitzgerald[1],
tous les corps entraînés dans le mouvement de la
Terre subissent une déformation. Cette déformation
est, à la vérité, très faible, puisque toutes les dimensions parallèles au mouvement de la Terre diminue-
raient d'un cent millionième, tandis que les dimensions perpendiculaires à ce mouvement ne seraient
pas altérées. Mais peu importe qu'elle soit faible, il
suffit qu'elle existe pour la conclusion que j'en vais
bientôt tirer. Et d'ailleurs, j'ai dit qu'elle était
faible, mais, en réalité, je n'en sais rien du tout ;

---

1. *Vide infra*, chap. XI.

j'ai été victime moi-même de l'illusion tenace qui nous fait croire que nous pensons un espace absolu ; j'ai pensé au mouvement de la terre sur son orbite elliptique autour du Soleil, et j'ai admis 3o kilomètres pour sa vitesse. Mais, sa véritable vitesse (j'entends, cette fois, non sa vitesse absolue qui n'a aucun sens, mais sa vitesse par rapport à l'éther), je ne la connais pas, je n'ai aucun moyen de la connaître : elle est peut-être 10, 100 fois plus grande et alors la déformation sera 100, 10000 fois plus forte.

Pouvons-nous mettre en évidence cette déformation ? Évidemment non ; voici un cube qui a 1 mètre de côté ; par suite du déplacement de la terre, il se déforme, l'une de ses arêtes, celle qui est parallèle au mouvement, devient plus petite, les autres ne varient pas. Si je veux m'en assurer à l'aide d'un mètre, je mesurerai d'abord l'une des arêtes perpendiculaires au mouvement et je constaterai que mon mètre s'applique exactement sur cette arête ; et, en effet, ni l'une ni l'autre de ces deux longueurs n'est altérée, puisqu'elles sont, toutes deux, perpendiculaires au mouvement. Je veux mesurer, ensuite, l'autre arête, celle qui est parallèle au mouvement ; pour cela je déplace mon mètre et le fais tourner de façon à l'appliquer sur mon arête. Mais le mètre ayant changé d'orientation, et étant devenu parallèle au mouvement, a subi, à son tour, la déformation, de sorte que bien que l'arête n'ait plus un

mètre de longueur, il s'y appliquera exactement, je
ne me serai aperçu de rien.

On me demandera alors quelle est l'utilité de
l'hypothèse de Lorentz et de Fitzgerald si aucune
expérience ne peut permettre de la vérifier? c'est
que mon exposition a été incomplète; je n'ai parlé
que des mesures que l'on peut faire avec un mètre;
mais on peut mesurer aussi une longueur par le
temps que la lumière met à la parcourir, à la condition que l'on admette que la vitesse de la lumière
est constante et indépendante de la direction.
Lorentz aurait pu rendre compte des faits en supposant que la vitesse de la lumière est plus grande
dans la direction du mouvement de la terre que
dans la direction perpendiculaire. Il a préféré admettre que la vitesse est la même dans ces diverses
directions, mais que les corps sont plus petits dans
les unes que dans les autres. Si les surfaces d'onde
de la lumière avaient subi les mêmes déforma-
tions que les corps matériels, nous ne nous serions
pas aperçus de la déformation de Lorentz-Fitzgerald.

Dans un cas comme dans l'autre, il ne peut être
question de grandeur absolue, mais de la mesure de
cette grandeur par le moyen d'un instrument quelconque; cet instrument peut être un mètre, ou le
chemin parcouru par la lumière; c'est seulement le
rapport de la grandeur à l'instrument que nous
mesurons; et si ce rapport est altéré, nous n'avons

aucun moyen de savoir si c'est la grandeur ou bien l'instrument qui a varié.

Mais ce que je veux faire voir, c'est que, dans cette déformation, le monde n'est pas demeuré semblable à lui-même ; les carrés sont devenus des rectangles ou des parallélogrammes, les cercles des ellipses, les sphères des ellipsoïdes. Et cependant nous n'avons aucun moyen de savoir si cette déformation est réelle.

Il est évident qu'on pourrait aller beaucoup plus loin : au lieu de la déformation de Lorentz-Fitzgerald dont les lois sont particulièrement simples, on pourrait imaginer une déformation tout à fait quelconque. Les corps pourraient se déformer d'après des lois quelconques, aussi compliquées que nous voudrions, nous ne nous en apercevrions pas pourvu que tous les corps sans exception se déforment suivant les mêmes lois. En disant : tous les corps sans exception, j'y comprends, bien entendu, notre corps lui-même, et les rayons lumineux émanés des divers objets.

Si nous regardions le monde dans un de ces miroirs de forme compliquée qui déforment les objets d'une façon bizarre, les rapports mutuels des diverses parties de ce monde n'en seraient pas altérés ; si, en effet, deux objets réels se touchent, leurs images semblent également se toucher. A vrai dire, quand nous regardons dans un pareil miroir, nous nous apercevons bien de la déformation, mais c'est parce que le monde réel subsiste à côté de son image déformée; et alors même que ce monde réel nous serait caché, il y a quelque chose que l'on ne saurait nous cacher, c'est nous-même; nous ne pouvons cesser de voir, ou tout au moins de sentir, notre corps et nos membres qui n'ont pas été déformés et qui continuent à nous servir d'instruments de mesure. Mais si nous imaginons que notre corps soit déformé lui-même, et de la même façon que s'il était vu dans le miroir, ces instruments de mesure à leur tour nous feront défaut et la déformation ne pourra plus être constatée.

Voici de même deux univers qui sont l'image l'un de l'autre; à chaque objet P de l'univers A correspond dans l'univers B un objet P' qui est son image; les coordonnées de cette image P' sont des fonctions déterminées de celles de l'objet P; ces fonctions peuvent d'ailleurs être tout à fait quelconques; je suppose seulement qu'on les ait choisies une fois pour toutes. Entre la position de P et celle de P', il y a une relation constante; quelle est cette relation, peu importe; il suffit qu'elle soit constante.

Eh bien, ces deux univers seront indiscernables l'un de l'autre. Je veux dire que le premier sera pour ses habitants ce que le second est pour les siens. Et il en serait ainsi tant que les deux univers resteraient étrangers l'un à l'autre. Supposons que nous habitions l'univers A, nous aurons construit notre science et en particulier notre géométrie; pendant

ce temps les habitants de l'univers B auront construit une science, et comme leur monde est l'image
du nôtre, leur géométrie sera aussi l'image de la
nôtre ou, pour mieux dire, ce sera la même. Mais
si un jour une fenêtre nous est ouverte sur l'univers B, nous les prendrons en pitié : « Les malheureux, dirons-nous, ils croient avoir fait une géométrie, mais ce qu'ils appellent ainsi n'est qu'une
image grotesque de la nôtre; leurs droites sont
toutes tortues, leurs cercles sont bossus, leurs
sphères ont de capricieuses inégalités ». Et nous ne
nous douterons pas qu'ils en disent autant de nous,
et qu'on ne saura jamais qui a raison.

On voit dans quel sens large doit être entendue la
relativité de l'espace; l'espace est en réalité amorphe
et les choses qui sont dedans lui donnent seules une
forme. Que doit-on penser alors de cette intuition
directe que nous aurions de la droite ou de la distance? Nous avons si peu l'intuition de la distance
en soi que, dans une nuit, nous l'avons dit, une
distance pourrait devenir mille fois plus grande sans
que nous puissions nous en apercevoir, si toutes les
autres distances avaient subi la même altération. Et
même en une nuit l'univers B pourrait s'être substitué à l'univers A sans que nous eussions aucun
moyen de le savoir, et alors les lignes droites d'hier
auraient cessé d'être droites et nous ne nous apercevrions de rien.

Une partie de l'espace n'est pas par elle-même et

au sens absolu du mot égale à une autre partie de
l'espace ; car si elle l'est pour nous, elle ne le sera
pas pour les habitants de l'univers B ; et ceux-ci ont
précisément autant de droits de rejeter notre opinion
que nous en avons de condamner la leur.

J'ai montré ailleurs quelles sont les conséquences
de ces faits au point de vue de l'idée que nous
devons nous faire de la géométrie non-euclidienne
et d'autres géométries analogues ; je ne veux pas y
revenir ; et aujourd'hui je me placerai à un point de
vue un peu différent.

II

Si cette intuition de la distance, de la direction, de
la ligne droite, si cette intuition directe de l'espace
en un mot n'existe pas, d'où vient que nous croyons
l'avoir ? Si ce n'est là qu'une illusion, d'où vient que
cette illusion est si tenace ? C'est ce qu'il convient
d'examiner. Il n'y a pas d'intuition directe de la
grandeur, avons-nous dit, et nous ne pouvons
atteindre que le rapport de cette grandeur à nos
instruments de mesure. Nous n'aurions donc pas
pu construire l'espace si nous n'avions eu un instrument pour le mesurer ; eh bien, cet instrument
auquel nous rapportons tout, celui dont nous nous
servons instinctivement, c'est notre propre corps.
C'est par rapport à notre corps que nous situons les
objets extérieurs, et les seules relations spatiales de

ces objets que nous puissions nous représenter, ce sont leurs relations avec notre corps. C'est notre corps qui nous sert, pour ainsi dire, de système d'axes de coordonnées.

Par exemple à un instant α, la présence de l'objet A m'est révélée par le sens de la vue; à un autre instant β, la présence d'un autre objet B m'est révélée par un autre sens, celui de l'ouïe ou du toucher, par exemple. Je juge que cet objet B occupe la même place que l'objet A. Qu'est-ce que cela veut dire? D'abord cela ne signifie pas que ces deux objets occupent, à deux instants différents, un même point d'un espace absolu, qui même, s'il existait, échapperait à notre connaissance, puisque, entre les instants α et β, le système solaire s'est déplacé et que nous ne pouvons connaître son déplacement. Cela veut dire que ces deux objets occupent la même position relative par rapport à notre corps.

Mais cela même, qu'est-ce que cela veut dire? Les impressions qui nous sont venues de ces objets ont suivi des chemins absolument différents, le nerf optique pour l'objet A, le nerf acoustique pour l'objet B. Elles n'ont rien de commun au point de vue qualitatif. Les représentations que nous pouvons nous faire de ces deux objets sont absolument hétérogènes, irréductibles l'une à l'autre. Seulement je sais que, pour atteindre l'objet A, je n'ai qu'à étendre le bras droit d'une certaine manière; lors même que je m'abstiens de le faire, je me représente les sensations musculaires et autres sensations analogues qui accompagneraient cette extension, et cette représentation est associée à celle de l'objet A.

Or, je sais également que je puis atteindre l'objet B en étendant le bras droit de la même manière, extension accompagnée du même cortège de sensations musculaires. Et quand je dis que ces deux objets occupent la même position, je ne veux pas dire autre chose.

Je sais aussi que j'aurais pu atteindre l'objet A par un autre mouvement approprié du bras gauche et je me représente les sensations musculaires qui auraient accompagné ce mouvement ; et, par ce même mouvement du bras gauche accompagné des mêmes sensations, j'aurais pu également atteindre l'objet B.

Et cela est très important, puisque c'est de cette façon que je pourrai me défendre contre les dangers dont pourraient me menacer soit l'objet A, soit l'objet B. A chacun des coups dont nous pouvons être frappés, la nature a associé une ou plusieurs parades qui nous permettent de nous en préserver. Une même parade peut répondre à plusieurs coups ; et c'est ainsi, par exemple, qu'un même mouvement du bras droit nous aurait permis de nous défendre à l'instant α contre l'objet A et à l'instant β contre l'objet B. De même, un même coup peut être paré de plusieurs manières, et nous avons dit, par exemple, qu'on pouvait atteindre indifféremment l'objet A, soit par un certain mouvement du bras droit, soit par un certain mouvement du bras gauche.

Toutes ces parades n'ont rien de commun entre elles, sinon qu'elles permettent de se garer d'un même coup, et c'est cela, et rien que cela, que nous entendons quand nous disons que ce sont des mouvements aboutissant à un même point de l'espace. De même, ces objets, dont nous disons qu'ils occupent un même point de l'espace, n'ont rien de commun, sinon qu'une même parade peut permettre de se défendre contre eux.

Ou, si l'on aime mieux, que l'on se représente d'innombrables fils télégraphiques, les uns centripètes, les autres centrifuges. Les fils centripètes nous préviennent des accidents qui se produisent au dehors, les fils centrifuges doivent y apporter le remède. Des connexions sont établies de telle façon que quand l'un des fils centripètes est parcouru par un courant, ce courant agit sur un relais et provoque ainsi un courant dans l'un des fils centrifuges, et les choses sont arrangées pour que plusieurs fils centripètes puissent agir sur un même fil centrifuge, si un même remède convient à plusieurs maux, et qu'un fil centripète puisse ébranler divers fils centrifuges, soit simultanément, soit à défaut l'un de l'autre, toutes les fois qu'un même mal peut être guéri par plusieurs remèdes.

C'est ce système complexe d'associations, c'est ce tableau de distribution, pour ainsi dire, qui est toute notre géométrie, ou, si l'on veut, tout ce que notre géométrie a d'instinctif. Ce que nous appelons notre intuition de la ligne droite ou de la distance, c'est la conscience que nous avons de ces associations et de leur caractère impérieux.

Et d'où vient ce caractère impérieux lui-même, il est aisé de le comprendre. Une association nous paraîtra d'autant plus indestructible qu'elle sera plus ancienne. Mais ces associations ne sont pas, pour la plupart, des conquêtes de l'individu, puisqu'on en voit la trace chez l'enfant qui vient de naître : ce sont des conquêtes de la race. La sélection naturelle a dû amener ces conquêtes d'autant plus vite qu'elles étaient plus nécessaires.

À ce compte, celles dont nous parlons ont dû être des premières en date, puisque sans elles la défense de l'organisme aurait été impossible. Dès que les cellules n'ont plus été purement juxtaposées, et qu'elles ont été appelées à se porter un mutuel secours, il a bien fallu que s'organise un mécanisme analogue à celui que nous venons de décrire pour que ce secours ne se trompe pas de chemin et aille au-devant du péril.

Quand une grenouille est décapitée, et qu'une goutte d'acide est déposée en un point de la peau, elle cherche à essuyer l'acide avec la patte la plus rapprochée, et, si cette patte est amputée, elle l'enlève avec la patte du côté opposé. Voilà bien cette double parade dont je parlais tout à l'heure, permettant de combattre un mal par un second remède, si le premier fait défaut. Et c'est cette multiplicité des parades, et la coordination qui en résulte, qui est l'espace.

On voit à quelle profondeur de l'inconscient il faut descendre pour trouver les premières traces de ces associations spatiales, puisque les parties les plus inférieures du système nerveux entrent seules en jeu. Comment s'étonner, dès lors, de la résistance que nous opposons à toute tentative faite pour dissocier ce qui depuis si longtemps est associé? Or, c'est cette résistance même que nous appelons l'évidence des vérités géométriques; cette évidence n'est autre chose que la répugnance que l'on éprouve à rompre avec de très vieilles habitudes, dont on s'est toujours bien trouvé.

<h1 style="text-align:center">III</h1>

L'espace ainsi créé n'est qu'un petit espace qui ne s'étend pas plus loin que ce que mon bras peut atteindre; l'intervention de la mémoire est nécessaire pour en reculer les limites. Il y a des points qui resteront hors de ma portée, quelque effort que je fasse pour étendre la main ; si j'étais cloué au sol comme un polype hydraire, par exemple, qui ne peut qu'étendre ses tentacules, tous ces points seraient en dehors de l'espace, puisque les sensations que nous pourrions éprouver par l'action des corps qui y seraient placés, ne seraient associées à l'idée d'aucun mouvement nous permettant de les atteindre, d'aucune parade appropriée. Ces sensations ne nous sembleraient avoir aucun caractère spatial et nous ne chercherions pas à les localiser.

Mais nous ne sommes pas fixés au sol comme les animaux inférieurs; nous pouvons, si l'ennemi est trop loin, marcher à lui d'abord et étendre la main quand nous sommes assez près. C'est encore une parade, mais une parade à longue portée. D'autre part, c'est une parade complexe, et dans la représentation que nous nous en faisons entrent la représentation des sensations musculaires causées par les mouvements des jambes, celle des sensations musculaires causées par le mouvement final du bras, celle des sensations des canaux semi-circulaires, etc. Nous devons, d'ailleurs, nous représenter, non pas un complexus de sensations simultanées, mais un complexus de sensations successives, et se suivant dans un ordre déterminé, et c'est pour cela que j'ai dit tout à l'heure que l'intervention de la mémoire était nécessaire.

Observons encore que, pour aller à un même point, je puis m'approcher plus près du but à atteindre, pour avoir moins à étendre la main; que sais-je encore? Ce n'est pas une, c'est mille parades que je puis opposer à un même danger. Toutes ces parades sont formées de sensations qui peuvent n'avoir rien de commun et cependant nous les regarderons comme définissant un même point de l'espace, parce qu'elles peuvent répondre à ce même danger et qu'elles sont les unes et les autres associées à la notion de ce danger. C'est la possibilité de parer un même coup, qui fait l'unité de ces parades diverses, comme c'est la possibilité d'être parés de la même façon qui fait l'unité des coups de nature si diverse, qui peuvent nous menacer d'un même point de l'espace. C'est cette double unité qui fait l'individualité de chaque point de l'espace, et, dans la notion de point, il n'y a pas autre chose.

L'espace que j'envisageais dans le paragraphe précédent, et que je pourrais appeler l'*espace restreint*, était rapporté à des axes de coordonnées liés à mon corps ; ces axes étaient fixes, puisque mon corps ne bougeait pas et que mes membres seuls se déplaçaient. Quels sont les axes auxquels se rapporte naturellement l'*espace étendu* ? c'est-à-dire le nouvel espace que je viens de définir. Nous définissons un point par la suite de mouvements qu'il convient de faire pour l'atteindre à partir d'une certaine position initiale du corps. Les axes sont donc liés à cette position initiale du corps.

Mais la position que j'appelle initiale peut être arbitrairement choisie parmi toutes les positions que mon corps a successivement occupées ; si la mémoire plus ou moins inconsciente de ces positions successives est nécessaire à la genèse de la notion d'espace, cette mémoire peut remonter plus ou moins loin dans le passé. De là résulte dans la définition même de l'espace une certaine indétermination, et c'est précisément cette indétermination qui constitue sa relativité.

Il n'y a plus d'espace absolu, il y a seulement l'espace relatif à une certaine position initiale du corps. Pour un être conscient, qui serait fixé au sol comme les animaux inférieurs, et qui, par conséquent, ne connaîtrait que l'espace restreint, l'espace serait encore relatif (puisqu'il se rapporterait à son corps), mais cet être n'aurait pas conscience de cette relativité, parce que les axes auxquels il rapporterait cet espace restreint ne changeraient pas ! Sans doute, le rocher auquel cet être serait enchaîné ne serait pas immobile, puisqu'il serait entraîné dans le mouvement de notre planète ; pour nous, par conséquent, ces axes changeraient à chaque instant ; mais, pour lui, ils ne changeraient pas. Nous avons la faculté de rapporter notre espace étendu tantôt à la position A de notre corps, considérée comme initiale, tantôt à la position B, qu'il avait quelques instants après, et que nous sommes libres de regarder à son tour comme initiale ; nous faisons donc à chaque instant des changements inconscients de coordonnées. Cette faculté ferait défaut à notre être imaginaire, et, faute d'avoir voyagé, il croirait l'espace absolu. A chaque instant, son système d'axes

lui serait imposé; ce système aurait beau changer
en réalité, pour lui, il serait toujours le même, puisqu'il serait toujours le système *unique*. Il n'en est
pas de même pour nous qui, à chaque instant, possédons plusieurs systèmes entre lesquels nous pouvons choisir à volonté et à la condition de remonter
par la mémoire plus ou moins loin dans le passé.

Ce n'est pas tout, l'espace restreint ne serait pas
homogène; les divers points de cet espace ne pourraient être regardés comme équivalents, puisque les
uns ne pourraient être atteints qu'au prix des plus
grands efforts, tandis que d'autres le seraient facilement. Au contraire, notre espace étendu nous
apparaît comme homogène, et nous disons que tous
les points en sont équivalents. Qu'est-ce que cela
veut dire?

Si nous partons d'une certaine position A, nous
pouvons, à partir de cette position, effectuer certains mouvements M, caractérisés par un certain
complexus de sensations musculaires. Mais, à partir
d'une autre position B, nous pourrons exécuter des
mouvements M' qui seront caractérisés par les mêmes
sensations musculaires. Soit alors a la situation
d'un certain point du corps, du bout de l'index de
la main droite, par exemple, dans la position initiale A, soit b la situation de ce même index quand,
partant de cette position A, on a exécuté les mouvements M. Soit ensuite a' la situation de cet index
dans la position B, et b' sa situation quand, partant

de la position B, on a exécuté les mouvements M′.

Eh bien! j'ai coutume de dire que les points de l'espace a et b sont entre eux comme les points $a′$ et $b′$ et cela veut dire simplement que les deux séries de mouvements M et M′ sont accompagnées des mêmes sensations musculaires. Et comme j'ai conscience que, en passant de la position A à la position B, mon corps est resté capable des mêmes mouvements, je sais qu'il y a un point de l'espace qui est au point $a′$, ce qu'un point b quelconque est au point a, de sorte que les deux points a et $a′$ sont équivalents. C'est cela qu'on appelle l'homogénéité de l'espace. Et, en même temps, c'est pour cela que l'espace est relatif, puisque ses propriétés restent les mêmes, qu'on le rapporte aux axes A ou aux axes B. De sorte que la relativité de l'espace et son homogénéité sont une seule et même chose.

Maintenant, si je veux passer au grand espace, qui ne sert plus seulement pour moi, mais où je peux loger l'univers, j'y arriverai par un acte d'imagination. Je m'imaginerai ce qu'éprouverait un géant qui pourrait atteindre les planètes en quelques pas; ou, si l'on aime mieux, ce que je sentirais moi-même en présence d'un monde en miniature où ces planètes seraient remplacées par de petites boules, tandis que sur l'une de ces petites boules s'agiterait un lilliputien que j'appellerais moi. Mais cet acte d'imagination me serait impossible, si je n'avais préalablement construit mon espace restreint et mon espace étendu pour mon usage personnel.

IV

Pourquoi maintenant tous ces espaces ont-ils trois dimensions ? Reportons-nous au « tableau de distribution » dont nous parlions plus haut. Nous avons d'un côté la liste des différents dangers possibles ; désignons-les par A 1, A 2, etc. ; et, de l'autre côté, la liste des différents remèdes que j'appellerai de même B 1, B 2, etc. Nous avons ensuite des connexions entre les plots de la première liste et ceux de la deuxième, de telle façon que quand, par exemple, l'avertisseur du danger A 3 fonctionnera, il mettra ou pourra mettre en branle le relais correspondant à la parade B 4.

Comme j'ai parlé plus haut de fils centripètes ou centrifuges, je crains qu'on ne voie dans tout ceci, non une simple comparaison, mais une description du système nerveux. Telle n'est pas ma pensée, et cela pour plusieurs raisons : d'abord, je ne me permettrais pas d'énoncer une opinion sur la structure du système nerveux que je ne connais pas, tandis que ceux qui l'ont étudié ne le font qu'avec circonspection ; ensuite parce que, malgré mon incompétence, je sens bien que ce schéma serait par trop simpliste ; et enfin, parce que, sur ma liste de parades, il en figure de très complexes, qui peuvent même, dans le cas de l'espace étendu, comme nous l'avons vu plus haut, être formées de plusieurs pas suivis d'un mouvement du bras. Il ne s'agit donc pas de connexion physique entre deux conducteurs réels, mais d'association psychologique entre deux séries de sensations.

Si A_1 et A_2 par exemple sont l'un et l'autre associés à la parade B_1, et si A_1 est également associé à la parade B_2, il arrivera généralement que A_2 et B_2 seront eux aussi associés. Si cette loi fondamentale n'était pas généralement vraie, il n'y aurait qu'une immense confusion et il n'y aurait rien qui pût ressembler à une conception de l'espace ou à une géométrie. Comment, en effet, avons-nous défini un point de l'espace. Nous l'avons fait de deux façons : c'est d'une part l'ensemble des avertisseurs A qui sont en connexion avec une même parade B ; c'est d'autre part l'ensemble des parades B qui sont en connexion avec un même avertisseur A. Si notre loi n'était pas vraie, on devrait dire que A_1 et A_2 correspondent à un même point puisqu'ils sont tous deux en connexion avec B_1 ; mais on devrait dire également qu'ils ne correspondent pas à un même point, puisque A_1 serait en connexion avec B_2 et qu'il n'en serait pas de même de A_2. Ce serait une contradiction.

Mais, d'un autre côté, si la loi était rigoureusement et toujours vraie, l'espace serait tout différent de ce qu'il est. Nous aurions des catégories bien tranchées entre lesquelles se répartiraient d'une part les avertisseurs A, d'autre part les parades B; ces catégories seraient excessivement nombreuses, mais elles seraient entièrement séparées les unes des autres. L'espace serait formé de points très nombreux, mais discrets, il serait *discontinu*. Il n'y aurait pas de raison pour ranger ces points dans un ordre plutôt que dans un autre, ni par conséquent pour attribuer à l'espace trois dimensions.

Mais il n'en est pas ainsi; qu'on me permette de reprendre un instant le langage des gens qui savent déjà la géométrie; il le faut bien puisque c'est la langue qu'entendent le mieux ceux de qui je cherche à me faire comprendre. Quand je veux parer le coup, je cherche à atteindre le point d'où vient ce coup, mais il suffit que j'en approche assez près. Alors la parade B 1 pourra répondre à A 1 et à A 2, si le point qui correspond à B 1 est suffisamment près à la fois de celui qui correspond à A 1 et de celui qui correspond à A 2. Mais il pourra se faire que le point qui correspond à une autre parade B 2 soit assez voisin du point correspondant à A 1, et ne le soit pas assez du point correspondant à A 2. De sorte que la parade B 2 pourra répondre à A 1 sans pouvoir répondre à A 2.

Pour celui qui ne sait pas encore la géométrie, cela se traduira simplement par une dérogation à la loi énoncée plus haut. Et alors les choses se passeront de la façon suivante. Deux parades B 1 et B 2 seront associées à un même avertissement A_1 et à un très grand nombre d'avertissements que nous rangerons dans la même catégorie que A_1 et que nous ferons correspondre à un même point de l'espace. Mais nous pourrons trouver des avertissements A_2 qui seront associés à B_2 sans l'être à B_1, et qui en revanche le seront à B_3, lequel B_3 n'était pas associé à A_1, et ainsi de suite, de sorte que nous pouvons écrire la suite

$$B_1, A_1, B_2, A_2, B_3, A_3, B_4, A_4,$$

où chaque terme est associé au suivant et au précédent, mais ne l'est pas aux termes qui sont distants de plusieurs rangs.

Inutile d'ajouter que chacun des termes de ces suites n'est pas isolé, mais fait partie d'une très nombreuse catégorie d'autres avertisseurs ou d'autres parades qui a les mêmes connexions que lui, et que l'on peut regarder comme appartenant à un même point de l'espace. La loi fondamentale, tout en comportant des exceptions, reste donc presque toujours vraie. Seulement, par suite de ces exceptions, ces catégories, au lieu d'être entièrement séparées, empiètent partiellement les unes sur les autres et se pénètrent mutuellement dans une certaine mesure, de sorte que l'espace devient continu.

D'autre part, l'ordre dans lequel ces catégories doivent être rangées n'est plus arbitraire et si l'on se reporte à la suite précédente, on voit bien qu'il faut ranger B2 entre A1 et A2 et par conséquent entre B1 et B3 et qu'on ne saurait par exemple le placer entre B3 et B4.

Il y a donc un ordre dans lequel se rangent naturellement nos catégories qui correspondent aux points de l'espace, et l'expérience nous apprend que cet ordre se présente sous la forme d'un tableau à triple entrée, et c'est pour cela que l'espace a trois dimensions.

V

Ainsi la propriété caractéristique de l'espace, celle d'avoir trois dimensions, n'est qu'une propriété de notre tableau de distribution, une propriété interne de l'intelligence humaine pour ainsi dire. Il suffirait de détruire quelques-unes de ces connexions, c'est-à-dire de ces associations d'idées pour avoir un tableau de distribution différent, et cela pourrait être assez pour que l'espace acquît une quatrième dimension.

Quelques personnes s'étonneront d'un pareil résultat. Le monde extérieur, penseront-elles, doit bien y être pour quelque chose. Si le nombre des dimensions vient de la manière dont nous sommes faits, il pourrait y avoir des êtres pensants qui vivraient dans notre monde, mais qui seraient faits autrement que nous et qui croiraient que l'espace a plus ou moins de trois dimensions. M. de Cyon n'a-t-il pas dit que les souris japonaises, n'ayant que deux paires de canaux semi-circulaires, croyaient que l'espace a deux dimensions? Et alors cet être pensant, s'il est capable de construire une physique, ne va-t-il pas faire une physique à deux ou à quatre dimensions, et qui en un sens sera cependant la même que la nôtre, puisque ce sera la description du même monde dans un autre langage?

Il semble bien en effet qu'il serait possible de traduire notre physique dans le langage de la géométrie à quatre dimensions; tenter cette traduction ce serait se donner beaucoup de mal pour peu de profit, et je me bornerai à citer la mécanique de Hertz où l'on voit quelque chose d'analogue. Cependant, il semble que la traduction serait toujours moins simple que le texte, et qu'elle aurait toujours l'air d'une traduction, que la langue des trois dimensions semble la mieux appropriée à la description de notre monde, encore que cette description puisse se faire à la rigueur dans un autre idiome.

D'ailleurs, ce n'est pas par hasard que notre tableau de distribution s'est constitué. Il y a connexion entre l'avertissement A 1 et la parade B 1, cela est une propriété interne de notre intelligence; mais pourquoi cette connexion? c'est parce que la parade B 1 permet effectivement de se défendre contre le danger A 1; et cela c'est un fait extérieur à nous, c'est une propriété du monde extérieur. Notre tableau de distribution n'est donc que la traduction d'un ensemble de faits extérieurs ; s'il a trois dimensions, c'est parce qu'il s'est adapté à un monde qui avait certaines propriétés ; et la principale de ces propriétés c'est qu'il y existe des solides naturels dont les déplacements se font sensiblement suivant les lois que nous appelons lois du mouvement des solides invariables. Si donc la langue des trois dimensions est celle qui nous permet le plus facilement de décrire notre monde, nous ne devons pas nous en étonner ; cette langue est calquée sur notre tableau de distribution ; et c'est afin de pouvoir vivre dans ce monde que ce tableau a été établi.

J'ai dit que nous pourrions concevoir, vivant dans notre monde, des êtres pensants dont le tableau de distribution serait à quatre dimensions et qui par conséquent penseraient dans l'hyperespace. Il n'est pas certain toutefois que de pareils êtres, en admettant qu'ils y naissent, pourraient y vivre et s'y défendre contre les mille dangers dont ils y seraient assaillis.

VI

Quelques remarques pour finir. Il y a un contraste frappant entre la grossièreté de cette géométrie primitive qui se réduit à ce que j'appelle un tableau de distribution, et la précision infinie de la géométrie des géomètres. Et cependant celle-ci est née de celle-là; mais pas de celle-là seule; il a fallu qu'elle fût fécondée par la faculté que nous avons de construire des concepts mathématiques, tels que celui de groupe par exemple; il a fallu chercher parmi les concepts purs celui qui s'adaptait le mieux à cet espace grossier, dont j'ai essayé d'expliquer la genèse dans les pages précédentes et qui nous est commun avec les animaux supérieurs.

L'évidence de certains postulats géométriques n'est, avons-nous dit, que notre répugnance à renoncer à de très vieilles habitudes. Mais ces postulats sont infiniment précis, tandis que ces habitudes ont quelque chose d'essentiellement flou. Dès que nous voulons penser, il nous faut bien des postulats infiniment précis, puisque c'est le seul moyen d'éviter la contradiction; mais parmi tous les systèmes de postulats possibles, il en est que nous répugnerions à choisir, parce qu'ils ne s'accorderaient pas suffisamment avec nos habitudes; si floues, si élastiques qu'elles soient, celles-ci ont une limite d'élasticité.

On voit que si la géométrie n'est pas une science expérimentale, c'est une science née à propos de l'expérience, que nous avons créé l'espace qu'elle étudie, mais en l'adaptant au monde où nous vivons. Nous avons choisi l'espace le plus commode, mais c'est l'expérience qui a guidé notre choix; comme ce choix a été inconscient, il nous semble qu'il nous est imposé; les uns disent que c'est l'expérience qui nous l'impose, les autres que nous naissons avec notre espace tout fait; on voit, d'après les considérations précédentes, quelle est dans ces deux opinions la part de la vérité et la part de l'erreur.

Dans cette éducation progressive qui a abouti à la construction de l'espace, quelle est la part de l'individu, et quelle est celle de la race, c'est ce qu'il est bien difficile de déterminer. Dans quelle mesure un de nous, transporté dès sa naissance dans un monde entièrement différent, où par exemple domineraient des corps se déplaçant conformément aux lois de mouvement des solides non-euclidiens, dans quelle mesure, dis-je, pourrait-il renoncer à l'espace ancestral pour bâtir un espace complètement nouveau?

La part de la race semble bien prépondérante; cependant, si c'est à elle que nous devons l'espace grossier, l'espace flou dont je parlais tout à l'heure, l'espace des animaux supérieurs, n'est-ce pas à l'expérience inconsciente de l'individu que nous devons l'espace infiniment précis du géomètre? C'est une question malaisée à résoudre. Citons cependant un fait qui montre que l'espace que nous ont légué nos ancêtres conserve encore une certaine plasticité. Certains chasseurs apprennent à tirer des poissons sous l'eau, bien que l'image de ces poissons soit relevée par la réfraction. Ils le font d'ailleurs instinctivement : ils ont donc appris à modifier leur ancien instinct de la direction ; ou si l'on veut à substituer à l'association A_1, B_1 une autre association A_1, B_2, parce que l'expérience leur a montré que la première ne réussissait pas.

CHAPITRE II

Les définitions mathématiques
et l'Enseignement.

————

1. Je dois parler ici des définitions générales en
mathématiques; c'est du moins ce que dit le titre
du chapitre, mais il me sera impossible de me ren-
fermer dans ce sujet autant que l'exigerait la règle
de l'unité d'action; je ne pourrai le traiter sans
parler un peu d'autres questions voisines, et si je
suis ainsi obligé de marcher de temps en temps
dans les plates-bandes à droite ou à gauche, je vous
prie de vouloir bien me le pardonner.

Qu'est-ce qu'une bonne définition? Pour le philosophe, ou pour le savant, c'est une définition qui
s'applique à tous les objets définis et ne s'applique
qu'à eux; c'est celle qui satisfait aux règles de la
logique. Mais dans l'enseignement, ce n'est pas
cela; une bonne définition, c'est celle qui est
comprise par les élèves.

Comment se fait-il qu'il y a tant d'esprits qui se

refusent à comprendre les mathématiques? N'y a-t-il pas là quelque chose de paradoxal? Comment, voilà une science qui ne fait appel qu'aux principes fondamentaux de la logique, au principe de contradiction, par exemple, à ce qui fait pour ainsi dire le squelette de notre entendement, à ce qu'on ne saurait dépouiller sans cesser de penser, et il y a des gens qui la trouvent obscure! et même ils sont en majorité! Qu'ils soient incapables d'inventer, passe encore, mais qu'ils ne comprennent pas les démonstrations qu'on leur expose, qu'ils restent aveugles quand nous leur présentons une lumière qui nous semble briller d'un pur éclat, c'est ce qui est tout à fait prodigieux.

Et pourtant il ne faut pas avoir une grande expérience des examens pour savoir que ces aveugles ne sont nullement des êtres d'exception. Il y a là un problème qu'il n'est pas aisé de résoudre, mais qui doit préoccuper tous ceux qui veulent se vouer à l'enseignement.

Qu'est-ce que comprendre? Ce mot a-t-il le même sens pour tout le monde? Comprendre la démonstration d'un théorème, est-ce examiner successivement chacun des syllogismes dont elle se compose et constater qu'il est correct, conforme aux règles du jeu? De même comprendre une définition, est-ce seulement reconnaître qu'on sait déjà le sens de tous les termes employés et constater qu'elle n'implique aucune contradiction?

Oui, pour quelques-uns; quand ils auront fait cette constatation, ils diront: j'ai compris. Non, pour le plus grand nombre. Presque tous sont beaucoup plus exigeants, ils veulent savoir, non seulement si tous les syllogismes d'une démonstration sont corrects, mais pourquoi ils s'enchaînent dans tel ordre, plutôt que dans tel autre. Tant qu'ils leur semblent engendrés par le caprice, et non par une intelligence constamment consciente du but à atteindre, ils ne croient pas avoir compris.

Sans doute ils ne se rendent pas bien compte eux-mêmes de ce qu'ils réclament et ils ne sauraient formuler leur désir, mais s'ils n'ont pas satisfaction, ils sentent vaguement que quelque chose leur manque. Alors qu'arrive-t-il? Au début, ils aperçoivent encore les évidences qu'on met sous leurs yeux; mais comme elles ne sont liées que par un fil trop ténu à celles qui précèdent et à celles qui suivent, elles passent sans laisser de trace dans leur cerveau; elles sont tout de suite oubliées; un instant éclairées, elles retombent aussitôt dans une nuit éternelle. Quand ils seront plus avancés, ils ne verront plus même cette lumière éphémère, parce que les théorèmes s'appuient les uns sur les autres et que ceux dont ils auraient besoin sont oubliés; c'est ainsi qu'ils deviennent incapables de comprendre les mathématiques.

Ce n'est pas toujours la faute de leur professeur; souvent leur intelligence, qui a besoin d'apercevoir le fil conducteur, est trop paresseuse pour le chercher et pour le trouver. Mais pour leur venir en aide, il faut d'abord que nous comprenions bien ce qui les arrête.

D'autres se demanderont toujours à quoi cela sert; ils n'auront pas compris s'ils ne trouvent autour d'eux, dans la pratique ou dans la nature, la raison d'être de telle ou telle notion mathématique. Sous chaque mot, ils veulent mettre une image sensible; il faut que la définition évoque cette image, qu'à chaque stade de la démonstration ils la voient transformer et évoluer. A cette condition seulement, ils comprendront et ils retiendront. Ceux-là souvent se font illusion à eux-mêmes; ils n'écoutent pas les raisonnements, ils regardent les figures; ils s'imaginent avoir compris et ils n'ont fait que voir.

2. Que de tendances diverses! Faut-il les combattre? Faut-il nous en servir? Et si nous voulions les combattre, laquelle faudrait-il favoriser? Est-ce à ceux qui se contentent de la logique pure qu'il faut montrer qu'ils n'ont vu qu'une face des choses? Ou bien faut-il dire à ceux qui ne se satisfont pas à si bon marché que ce qu'ils réclament n'est pas nécessaire?

En d'autres termes, devons-nous contraindre les jeunes gens à changer la nature de leur esprit? Une pareille tentative serait vaine; nous ne possédons pas la pierre philosophale qui nous permettrait de transmuter les uns dans les autres les métaux qui nous sont confiés; tout ce que nous pouvons faire c'est de les travailler en nous accommodant à leurs propriétés.

Bien des enfants sont incapables de devenir mathématiciens, auxquels pourtant il faut enseigner les mathématiques; et les mathématiciens eux-mêmes ne sont pas tous coulés dans le même moule. Il suffit de lire leurs ouvrages pour distinguer parmi eux deux sortes d'esprits, les logiciens comme Weierstrass, par exemple, les intuitifs comme Riemann. Même différence parmi nos étudiants. Les uns aiment mieux traiter leurs problèmes « par l'analyse » comme ils disent, les autres « par la géométrie ».

Il est bien inutile de chercher à y changer quelque chose, et cela d'ailleurs serait-il désirable? Il est bon qu'il y ait des logiciens et qu'il y ait des intuitifs; qui oserait dire s'il aimerait mieux que Weierstrass n'eût jamais écrit, ou qu'il n'y eût pas eu de Riemann. Il faut donc nous résigner à la diversité des esprits, ou mieux, il faut nous en réjouir.

3. Puisque le mot comprendre a plusieurs sens, les définitions qui seront le mieux comprises des uns ne seront pas celles qui conviendront aux autres. Nous avons celles qui cherchent à faire naître une image, et celles où l'on se borne à combiner des formes vides, parfaitement intelligibles, mais purement intelligibles, que l'abstraction a privées de toute matière.

Je ne sais s'il est bien nécessaire de citer des exemples? Citons-en pourtant, et d'abord la définition des fractions va nous fournir un exemple extrême. Dans les écoles primaires, pour définir une fraction, on découpe une pomme ou une tarte; on la découpe par la pensée bien entendu et non en réalité, car je ne suppose pas que le budget de l'enseignement primaire permette une pareille prodigalité. A l'École normale supérieure, au contraire, ou dans les Facultés, on dira : une fraction, c'est l'ensemble de deux nombres entiers séparés par un trait horizontal; on définira par des conventions les opérations que peuvent subir ces symboles; on démontrera que les règles de ces opérations sont les mêmes que dans le calcul des nombres entiers, et on constatera enfin qu'en faisant, d'après ces règles, la multiplication de la fraction par le dénominateur, on retrouve le numérateur. C'est très bien parce qu'on s'adresse à des jeunes gens, depuis longtemps familiarisés avec la notion des fractions à force d'avoir partagé des pommes ou d'autres objets, et dont l'esprit, affiné par une forte éducation mathématique, en est arrivé peu à peu à désirer une définition purement logique. Mais quel serait l'ahurissement d'un débutant à qui on voudrait la servir?

Telles sont aussi les définitions que vous trouvez dans un livre justement admiré et bien des fois couronné, les « Grundlagen der Geometrie » de Hilbert. Voyons en effet comment il débute : *Pensons trois systèmes de* CHOSES *que nous appellerons points, droites et plans.* Que sont ces « choses »? nous ne le savons pas, et nous n'avons pas à le savoir; il serait même fâcheux que nous cherchions à le savoir ; tout ce que nous avons le droit d'en savoir, c'est ce que nous en apprennent les axiomes, celui-ci par exemple : *Deux points différents déterminent toujours une droite*, qui est suivi de ce commentaire : *au lieu de déterminent, nous pouvons dire que la droite passe par ces deux points, ou qu'elle joint ces deux points, ou que les deux points sont situés sur la droite.* Ainsi, « être situé sur une droite » est simplement défini comme synonyme de « déterminer une droite ». Voilà un livre dont je pense beaucoup de bien, mais que je ne recommanderais pas à un lycéen. Au reste, je pourrais le faire sans crainte, il ne pousserait pas la lecture bien loin.

J'ai pris des exemples extrêmes et aucun maître ne pourrait songer à aller aussi loin. Mais, même en restant bien en deçà de pareils modèles, ne s'expose-t-il pas déjà au même danger?

Nous sommes dans une classe de quatrième; le professeur dicte : le cercle est le lieu des points du plan qui sont à la même distance d'un point intérieur appelé centre. Le bon élève écrit cette phrase sur son cahier; le mauvais élève y dessine des bonshommes; mais ni l'un ni l'autre n'ont compris; alors le professeur prend la craie et trace un cercle sur le tableau. « Ah! pensent les élèves, que ne disait-il tout de suite : un cercle c'est un rond, nous aurions compris. » Sans doute c'est le professeur qui a raison. La définition des élèves n'aurait rien valu, puisqu'elle n'aurait pu servir à aucune démonstration, et surtout puisqu'elle n'aurait pu leur donner la salutaire habitude d'analyser leurs conceptions. Mais il faudrait leur montrer qu'ils ne comprennent pas ce qu'il croient comprendre, les amener à se rendre compte de la grossièreté de leur concept primitif, à désirer d'eux-mêmes qu'on l'épure et le dégrossisse.

4. Je reviendrai sur tous ces exemples; j'ai voulu seulement vous montrer les deux conceptions opposées; il y a entre elles un violent contraste. Ce contraste, l'histoire de la science nous l'explique. Si nous lisons un livre écrit il y a cinquante ans, la plupart des raisonnements que nous y trouverons nous sembleront dépourvus de rigueur.

On admettait à cette époque qu'une fonction continue ne peut changer de signe sans s'annuler; on le démontre aujourd'hui. On admettait que les règles ordinaires du calcul sont applicables aux nombres incommensurables, on le démontre aujourd'hui. On admettait bien d'autres choses qui quelquefois étaient fausses.

On se fiait à l'intuition; mais l'intuition ne peut nous donner la rigueur, ni même la certitude, on s'en est aperçu de plus en plus. Elle nous apprend par exemple que toute courbe a une tangente, c'est-à-dire que toute fonction continue a une dérivée, et cela est faux. Et comme on tenait à la certitude, il a fallu faire de plus en plus petite la part de l'intuition.

Comment s'est faite cette évolution nécessaire? On n'a pas tardé à s'apercevoir que la rigueur ne pourrait pas s'établir dans les raisonnements, si on ne la faisait entrer d'abord dans les définitions.

Longtemps les objets dont s'occupent les mathématiciens étaient mal définis; on croyait les connaître parce qu'on se les représentait avec les sens ou l'imagination, mais on n'en avait qu'une image grossière et non une idée précise sur laquelle le raisonnement pût avoir prise.

C'est là que les logiciens ont dû porter leurs efforts. Ainsi pour le nombre incommensurable.

L'idée vague de continuité, que nous devions à l'intuition, s'est résolue en un système compliqué d'inégalités portant sur des nombres entiers. C'est ainsi que se sont définitivement évanouies toutes ces difficultés qui effrayaient nos pères, quand ils réfléchissaient aux fondements du calcul infinitésimal.

Il ne reste plus aujourd'hui en analyse que des nombres entiers, ou des systèmes finis ou infinis de

nombres entiers, reliés par un réseau d'égalités et
d'inégalités.

Les mathématiques, comme on l'a dit, se sont
arithmétisées.

5. Mais croit-on que les mathématiques aient
atteint la rigueur absolue sans faire de sacrifice? Pas
du tout, ce qu'elles ont gagné en rigueur, elles l'ont
perdu en objectivité. C'est en s'éloignant de la réalité qu'elles ont acquis cette pureté parfaite. On peut
parcourir librement tout leur domaine, autrefois
hérissé d'obstacles, mais ces obstacles n'ont pas disparu. Ils ont seulement été transportés à la frontière
et il faudra les vaincre de nouveau si l'on veut franchir cette frontière pour pénétrer dans le royaume
de la pratique.

On possédait une notion vague, formée d'éléments
disparates, les uns *a priori*, les autres provenant
d'expériences plus ou moins digérées; on croyait en
connaître, par l'intuition, les principales propriétés.
Aujourd'hui on rejette les éléments empiriques en
ne conservant que les éléments *a priori*; c'est l'une
des propriétés qui sert de définition et toutes les
autres s'en déduisent par un raisonnement rigoureux. C'est très bien, mais il reste à prouver que cette
propriété, qui est devenue une définition, appartient bien aux objets réels que l'expérience nous
avait fait connaître et d'où nous avions tiré notre
vague notion intuitive. Pour le prouver, il faudra

bien en appeler à l'expérience, ou faire un effort d'intuition, et si nous ne pouvions le prouver, nos théorèmes seraient parfaitement rigoureux, mais parfaitement inutiles.

La logique parfois engendre des monstres. Depuis un demi-siècle on a vu surgir une foule de fonctions bizarres qui semblent s'efforcer de ressembler aussi peu que possible aux honnêtes fonctions qui servent à quelque chose. Plus de continuité, ou bien de la continuité, mais pas de dérivées, etc. Bien plus, au point de vue logique, ce sont ces fonctions étranges qui sont les plus générales, celles qu'on rencontre sans les avoir cherchées n'apparaissent plus que comme un cas particulier. Il ne leur reste qu'un tout petit coin.

Autrefois, quand on inventait une fonction nouvelle, c'était en vue de quelque but pratique; aujourd'hui, on les invente tout exprès pour mettre en défaut les raisonnements de nos pères, et on n'en tirera jamais que cela.

Si la logique était le seul guide du pédagogue, ce serait par les fonctions les plus générales, c'est-à-dire par les plus bizarres, qu'il faudrait commencer. C'est le débutant qu'il faudrait mettre aux prises avec ce musée tératologique. Si vous ne le faites pas, pourraient dire les logiciens, vous n'atteindrez la rigueur que par étapes.

6. Oui, peut-être, mais nous ne pouvons faire

aussi bon marché de la réalité, et je n'entends pas seulement la réalité du monde sensible, qui a pourtant son prix, puisque c'est pour lutter contre elle que les neuf dixièmes de vos élèves vous demandent des armes. Il y a une réalité plus subtile, qui fait la vie des êtres mathématiques, et qui est autre chose que la logique.

Notre corps est formé de cellules et les cellules d'atomes; ces cellules et ces atomes sont-ils donc toute la réalité du corps humain? La façon dont ces cellules sont agencées, et d'où résulte l'unité de l'individu, n'est-elle pas aussi une réalité et beaucoup plus intéressante?

Un naturaliste qui n'aurait jamais étudié l'éléphant qu'au microscope croirait-il connaître suffisamment cet animal?

Il en est de même en mathématiques. Quand le logicien aura décomposé chaque démonstration en une foule d'opérations élémentaires, toutes correctes, il ne possédera pas encore la réalité tout entière; ce je ne sais quoi qui fait l'unité de la démonstration lui échappera complètement.

Dans les édifices élevés par nos maîtres, à quoi bon admirer l'œuvre du maçon si nous ne pouvons comprendre le plan de l'architecte? Or, cette vue d'ensemble, la logique pure ne peut nous la donner, c'est à l'intuition qu'il faut la demander.

Prenons par exemple l'idée de fonction continue. Ce n'est d'abord qu'une image sensible, un trait tracé à la craie sur le tableau noir. Peu à peu elle s'épure; on s'en sert pour construire un système compliqué d'inégalités, qui reproduit toutes les lignes de l'image primitive; quand tout a été terminé, on a *décintré*, comme après la construction d'une voûte; cette représentation grossière, appui désormais inutile, a disparu et il n'est resté que l'édifice lui-même, irréprochable aux yeux du logicien. Et pourtant, si le professeur ne rappelait l'image primitive, s'il ne rétablissait momentanément le *cintre*, comment l'élève devinerait-il par quel caprice toutes ces inégalités se sont échafaudées de cette façon les unes sur les autres? La définition serait logiquement correcte, mais elle ne lui montrerait pas la réalité véritable.

7. Nous voilà donc obligés de revenir en arrière; sans doute il est dur pour un maître d'enseigner ce qui ne le satisfait pas entièrement; mais la satisfaction du maître n'est pas l'unique objet de l'enseignement; on doit d'abord se préoccuper de ce qu'est l'esprit de l'élève et de ce qu'on veut qu'il devienne.

Les zoologistes prétendent que le développement embryonnaire d'un animal résume en un temps très court toute l'histoire de ses ancêtres des temps géologiques. Il semble qu'il en est de même du développement des esprits. L'éducateur doit faire repasser l'enfant par où ont passé ses pères; plus rapidement mais sans brûler d'étape. A ce compte, l'histoire de la science doit être notre premier guide.

Nos pères croyaient savoir ce que c'est qu'une fraction, ou que la continuité, ou que l'aire d'une surface courbe; c'est nous qui nous sommes aperçus qu'ils ne le savaient pas. De même nos élèves croient le savoir quand ils commencent à étudier sérieusement les mathématiques. Si, sans autre préparation, je viens leur dire : « Non, vous ne le savez pas; ce que vous croyez comprendre, vous ne le comprenez pas; il faut que je vous démontre ce qui vous semble évident », et si dans la démonstration je m'appuie sur des prémisses qui leur semblent moins évidentes que la conclusion, que penseront ces malheureux? Ils penseront que la science mathématique n'est qu'un entassement arbitraire de subtilités inutiles; ou bien ils s'en dégoûteront; ou bien ils s'en amuseront comme d'un jeu et ils arriveront à un état d'esprit analogue à celui des sophistes grecs.

Plus tard, au contraire, quand l'esprit de l'élève, familiarisé avec le raisonnement mathématique, se sera mûri par cette longue fréquentation, les doutes naîtront d'eux-mêmes et alors votre démonstration sera la bienvenue. Elle en éveillera de nouveaux, et les questions se poseront successivement à l'enfant, comme elles se sont posées successivement à nos pères, jusqu'à ce que la rigueur parfaite puisse seule le satisfaire. Il ne suffit pas de douter de tout, il faut savoir pourquoi l'on doute.

8. Le but principal de l'enseignement mathématique est de développer certaines facultés de l'esprit et parmi elles l'intuition n'est pas la moins précieuse. C'est par elle que le monde mathématique reste en contact avec le monde réel et quand les mathématiques pures pourraient s'en passer, il faudrait toujours y avoir recours pour combler l'abîme qui sépare le symbole de la réalité. Le praticien en aura toujours besoin et pour un géomètre pur il doit y avoir cent praticiens.

L'ingénieur doit recevoir une éducation mathématique complète, mais à quoi doit-elle lui servir? à voir les divers aspects des choses et à les voir vite; il n'a pas le temps de chercher la petite bête. Il faut que, dans les objets physiques complexes qui s'offrent à lui, il reconnaisse promptement le point où pourront avoir prise les outils mathématiques que nous lui avons mis en main. Comment le ferait-il si nous laissions entre les uns et les autres cet abîme profond creusé par les logiciens?

9. A côté des futurs ingénieurs, d'autres élèves, moins nombreux, doivent à leur tour devenir des maîtres; il faut donc qu'ils aillent jusqu'au fond; une connaissance approfondie et rigoureuse des premiers principes leur est avant tout indispensable.

Mais ce n'est pas une raison pour ne pas cultiver chez eux l'intuition ; car ils se feraient une idée fausse de la science s'ils ne la regardaient jamais que d'un seul côté et d'ailleurs ils ne pourraient développer chez leurs élèves une qualité qu'ils ne posséderaient pas eux-mêmes.

Pour le géomètre pur lui-même, cette faculté est nécessaire, c'est par la logique qu'on démontre, c'est par l'intuition qu'on invente. Savoir critiquer est bon, savoir créer est mieux. Vous savez reconnaître si une combinaison est correcte ; la belle affaire si vous ne possédez pas l'art de choisir entre toutes les combinaisons possibles. La logique nous apprend que sur tel ou tel chemin nous sommes sûrs de ne pas rencontrer d'obstacle ; elle ne nous dit pas quel est celui qui mène au but. Pour cela il faut voir le but de loin, et la faculté qui nous apprend à voir, c'est l'intuition. Sans elle, le géomètre serait comme un écrivain qui serait ferré sur la grammaire, mais qui n'aurait pas d'idées. Or, comment cette faculté se développerait-elle, si dès qu'elle se montre on la pourchasse et on la proscrit, si on apprend à s'en défier avant de savoir ce qu'on en peut tirer de bon.

Et là, permettez-moi d'ouvrir une parenthèse pour insister sur l'importance des devoirs écrits. Les compositions écrites n'ont peut-être pas assez de place dans certains examens, à l'École polytechnique, par exemple. On me dit qu'elles fermeraient la porte à de très bons élèves qui savent très bien leur cours, qui le comprennent très bien, et qui pourtant sont incapables d'en faire la moindre application. J'ai dit tout à l'heure que le mot comprendre a plusieurs sens : ceux-là ne comprennent que de la première manière, et nous venons de voir que cela ne suffit ni pour faire un ingénieur, ni pour faire un géomètre. Eh bien, puisqu'il faut faire un choix, j'aime mieux choisir ceux qui comprennent tout à fait.

10. Mais l'art de raisonner juste n'est-il pas aussi une qualité précieuse, que le professeur de mathématiques doit avant tout cultiver? Je n'ai garde de l'oublier; on doit s'en préoccuper et dès le début. Je serais désolé de voir la géométrie dégénérer en je ne sais quelle tachymétrie de bas étage et je ne souscris nullement aux doctrines extrêmes de certains Oberlehrer allemands. Mais on a assez d'occasions d'exercer les élèves au raisonnement correct, dans les parties des mathématiques où les inconvénients que j'ai signalés ne se présentent pas. On a de longs enchaînements de théorèmes où la logique absolue a régné du premier coup et pour ainsi dire tout naturellement, où les premiers géomètres nous ont donné des modèles qu'il faudra constamment imiter et admirer.

C'est dans l'exposition des premiers principes qu'il faut éviter trop de subtilité; là elle serait plus rebutante et d'ailleurs inutile. On ne peut tout démontrer et on ne peut tout définir; et il faudra toujours emprunter à l'intuition; qu'importe de le faire un peu plus tôt ou un peu plus tard, ou même de lui demander un peu plus ou un peu moins, pourvu qu'en se servant correctement des prémisses qu'elle nous a fournies, nous apprenions à raisonner juste.

11. Est-il possible de remplir tant de conditions opposées? Est-ce possible en particulier quand il s'agit de donner une définition? Comment trouver un énoncé concis qui satisfasse à la fois aux règles intransigeantes de la logique, à notre désir de comprendre la place de la notion nouvelle dans l'ensemble de la science, à notre besoin de penser avec des images? Le plus souvent on ne le trouvera pas, et c'est pourquoi il ne suffit pas d'énoncer une définition; il faut la préparer et il faut la justifier.

Que veux-je dire par là? Vous savez ce qu'on a dit souvent : toute définition implique un axiome, puisqu'elle affirme l'existence de l'objet défini. La définition ne sera donc justifiée, au point de vue purement logique, que quand on aura *démontré* qu'elle n'entraîne pas de contradiction, ni dans les termes, ni avec les vérités antérieurement admises.

Mais ce n'est pas assez; la définition nous est énoncée comme une convention; mais la plupart des esprits se révolteront si vous voulez la leur imposer comme convention *arbitraire*. Ils n'auront de repos que quand vous aurez répondu à de nombreuses questions.

Le plus souvent les définitions mathématiques, comme l'a montré M. Liard, sont de véritables constructions édifiées de toutes pièces avec des notions plus simples. Mais pourquoi avoir assemblé ces éléments de cette façon quand mille autres assemblages étaient possibles ? Est-ce par caprice ? Sinon, pourquoi cette combinaison avait-elle plus de droits à l'existence que toutes les autres ? A quel besoin répondait-elle ? Comment a-t-on prévu qu'elle jouerait dans le développement de la science un rôle important, qu'elle abrégerait nos raisonnements et nos calculs ? Y a-t-il dans la nature quelque objet familier, qui en est pour ainsi dire l'image indécise et grossière ?

Ce n'est pas tout ; si vous répondez à toutes ces questions d'une manière satisfaisante, nous verrons bien que le nouveau-né avait le droit d'être baptisé ; mais le choix du nom n'est pas non plus arbitraire ; il faut expliquer par quelles analogies on a été guidé et que si l'on a donné des noms analogues à des choses différentes, ces choses du moins ne diffèrent que par la matière et se rapprochent par la forme ; que leurs propriétés sont analogues et pour ainsi dire parallèles.

C'est à ce prix qu'on pourra satisfaire toutes les tendances. Si l'énoncé est assez correct pour plaire au logicien, la justification contentera l'intuitif.

Mais il y a mieux à faire encore ; toutes les fois que cela sera possible, la justification précédera l'énoncé et le préparera ; on sera conduit à l'énoncé général par l'étude de quelques exemples particuliers.

Autre chose encore : chacune des parties de l'énoncé d'une définition a pour but de distinguer l'objet à définir d'une classe d'autres objets voisins. La définition ne sera comprise que quand vous aurez montré, non seulement l'objet défini, mais les objets voisins dont il convient de le distinguer, que vous aurez fait saisir la différence et que vous aurez ajouté explicitement : c'est pour cela qu'en énonçant la définition j'ai dit ceci ou cela.

Mais il est temps de sortir des généralités et d'examiner comment les principes un peu abstraits que je viens d'exposer peuvent être appliqués en arithmétique, en géométrie, en analyse et en mécanique.

ARITHMÉTIQUE

12. On n'a pas à définir le nombre entier ; en revanche, on définit d'ordinaire les opérations sur les nombres entiers ; je crois que les élèves apprennent ces définitions par cœur et qu'ils n'y attachent aucun sens. Il y a à cela deux raisons : d'abord on les leur fait apprendre trop tôt, quand leur esprit n'en éprouve encore aucun besoin ; puis ces défi-

nitions ne sont pas satisfaisantes au point de vue logique. Pour l'addition on ne saurait en trouver une bonne, tout simplement parce qu'il faut s'arrêter et qu'on ne saurait tout définir. Ce n'est pas définir l'addition que de dire qu'elle consiste à ajouter. Tout ce qu'on peut faire c'est de partir d'un certain nombre d'exemples concrets et de dire : l'opération que nous venons de faire s'appelle addition.

Pour la soustraction, c'est autre chose ; on peut la définir logiquement comme l'opération inverse de l'addition ; mais est-ce par là qu'il faut commencer ? Là aussi il faut débuter par des exemples, montrer sur ces exemples la réciprocité des deux opérations ; la définition sera ainsi préparée et justifiée.

De même encore pour la multiplication ; on prendra un problème particulier ; on montrera qu'on peut le résoudre en additionnant plusieurs nombres égaux entre eux ; on fera voir ensuite qu'on arrive plus vite au résultat par une multiplication, l'opération que les élèves savent déjà faire par routine et la définition logique sortira de là tout naturellement.

On définira la division comme l'opération inverse de la multiplication ; mais on commencera par un exemple emprunté à la notion familière de partage et on montrera sur cet exemple que la multiplication reproduit le dividende.

Restent les opérations sur les fractions. Il n'y a de difficulté que pour la multiplication. Le mieux est d'exposer d'abord la théorie des proportions, c'est d'elle seulement qu'on pourra sortir une définition logique ; mais pour faire accepter les définitions que l'on rencontre au début de cette théorie, il faut les préparer par de nombreux exemples, empruntés à des problèmes classiques de règles de trois, où l'on aura soin d'introduire des données fractionnaires. On ne craindra pas non plus de familiariser les élèves avec la notion de proportion par des images géométriques, soit en faisant appel à leurs souvenirs s'ils ont déjà fait de la géométrie, soit en ayant recours à l'intuition directe, s'ils n'en ont pas fait, ce qui les préparera d'ailleurs à en faire. J'ajouterai, enfin, qu'après avoir défini la multiplication des fractions, il faut justifier cette définition, en démontrant qu'elle est commutative, associative et distributive, et en faisant bien remarquer aux auditeurs qu'on fait cette constatation pour justifier la définition.

On voit quel rôle jouent dans tout ceci les images géométriques ; et ce rôle est justifié par la philosophie et l'histoire de la science. Si l'arithmétique était restée pure de tout mélange avec la géométrie, elle n'aurait connu que le nombre entier ; c'est pour s'adapter aux besoins de la géométrie qu'elle a inventé autre chose.

GÉOMÉTRIE

En géométrie nous rencontrons d'abord la notion de ligne droite. Peut-on définir la ligne droite? La définition connue, le plus court chemin d'un point à un autre, ne me satisfait guère. Je partirais tout simplement de la *règle* et je montrerais d'abord à l'élève comment on peut vérifier une règle par retournement ; cette vérification est la vraie définition de la ligne droite ; la ligne droite est un axe de rotation. On lui montrerait ensuite à vérifier la règle par glissement et on aurait une des propriétés les plus importantes de la ligne droite. Quant à cette autre propriété d'être le plus court chemin d'un point à un autre, c'est un théorème qui peut être démontré apodictiquement, mais la démonstration est trop délicate pour pouvoir trouver place dans l'enseignement secondaire. Il vaudra mieux montrer qu'une règle préalablement vérifiée s'applique sur un fil tendu. Il ne faut pas redouter, en présence de difficultés analogues, de multiplier les axiomes, en les justifiant par des expériences grossières.

Ces axiomes, il faut bien en admettre, et si l'on en admet un peu plus qu'il n'est strictement nécessaire, le mal n'est pas bien grand ; l'essentiel est d'apprendre à raisonner juste sur les axiomes une fois admis. L'oncle Sarcey qui aimait à se répéter disait souvent qu'au théâtre le spectateur accepte volontiers tous les postulats qu'on lui impose au début, mais qu'une fois le rideau levé, il devient intransigeant sur la logique. Eh bien, c'est la même chose en mathématiques.

Pour le cercle, on peut partir du compas ; les élèves reconnaîtront du premier coup la courbe tracée ; on leur fera observer ensuite que la distance des deux pointes de l'instrument reste constante, que l'une de ces pointes est fixe et l'autre mobile, et on sera ainsi amené naturellement à la définition logique.

La définition du plan implique un axiome et il ne faut pas le dissimuler. Qu'on prenne une planche à dessin et que l'on fasse remarquer qu'une règle mobile s'applique constamment sur cette planche et cela en conservant trois degrés de liberté. On comparerait avec le cylindre et le cône, surfaces sur lesquelles on ne saurait appliquer une droite à moins de ne lui laisser que deux degrés de liberté ; puis, on prendrait trois planches à dessin ; on montrerait d'abord qu'elles peuvent glisser en restant appliquées l'une sur l'autre et cela avec 3 degrés de liberté ; et enfin pour distinguer le plan de la sphère, que deux de ces planches, applicables sur une troisième, sont applicables l'une sur l'autre.

Peut-être vous étonnerez-vous de cet incessant emploi d'instruments mobiles ; ce n'est pas là un grossier artifice, et c'est beaucoup plus philosophique qu'on ne le croit d'abord. Qu'est-ce que la géométrie pour le philosophe ? C'est l'étude d'un groupe, et quel groupe ? de celui des mouvements des corps solides. Comment alors définir ce groupe sans faire mouvoir quelques corps solides ?

Devons-nous conserver la définition classique des parallèles et dire qu'on appelle ainsi deux droites qui, situées dans le même plan, ne se rencontrent pas quelque loin qu'on les prolonge ? Non, parce que cette définition est négative, parce qu'elle est invérifiable par l'expérience et ne saurait en conséquence être regardée comme une donnée immédiate de l'intuition. Non, surtout, parce qu'elle est totalement étrangère à la notion de groupe, à la considération du mouvement des corps solides qui est, comme je l'ai dit, la véritable source de la géométrie. Ne vaudrait-il pas mieux définir d'abord la translation rectiligne d'une figure invariable, comme un mouvement où tous les points de cette figure ont des trajectoires rectilignes ; montrer qu'une semblable translation est possible, en faisant glisser une équerre sur une règle ? De cette constatation expérimentale, érigée en axiome, il serait aisé de faire sortir la notion de parallèle et le postulatum d'Euclide lui-même.

MÉCANIQUE

Je n'ai pas à revenir sur la définition de la vitesse, ou de l'accélération, ou des autres notions cinématiques ; on les rattachera avec avantage à celle de la dérivée.

J'insisterai, au contraire, sur les notions dynamiques de force et de masse.

Il y a une chose qui me frappe : c'est combien les jeunes gens qui ont reçu l'éducation secondaire sont éloignés d'appliquer au monde réel les lois mécaniques qu'on leur a enseignées. Ce n'est pas seulement qu'ils en soient incapables ; ils n'y pensent même pas. Pour eux le monde de la science et celui de la réalité sont séparés par une cloison étanche. Il n'est pas rare de voir un monsieur bien mis, probablement bachelier, assis dans une voiture et s'imaginant qu'il l'aide à avancer en poussant sur l'avant, et cela au mépris du principe de l'action et de la réaction.

Si nous essayons d'analyser l'état d'âme de nos élèves, cela nous étonnera moins ; quelle est pour eux la véritable définition de la force? non pas celle qu'ils récitent, mais celle qui, tapie dans un recoin de leur entendement, le dirige de là tout entier. Cette définition, la voici : les forces sont des flèches avec lesquelles on fait des parallélogrammes. Ces flèches sont des êtres imaginaires qui n'ont rien à faire avec rien de ce qui existe dans la nature. Cela n'arriverait pas, si on leur avait montré des forces dans la réalité avant de les représenter par des flèches.

Comment définir la force ? Une définition logique, il n'y en a pas de bonne, je crois l'avoir suffisamment montré ailleurs. Il y a la définition antropomorphique, la sensation de l'effort musculaire ; celle-là est vraiment trop grossière et on n'en peut rien tirer d'utile.

Voici la marche qu'il faudra suivre : il faut d'abord, pour faire connaître le genre force, montrer l'une après l'autre toutes les espèces de ce genre ; elles sont bien nombreuses et elles sont bien diverses ; il y a la pression des fluides sur les parois des vases où ils sont enfermés ; la tension des fils ; l'élasticité d'un ressort ; la pesanteur qui agit sur toutes les molécules d'un corps ; les frottements ; l'action et la réaction mutuelle normale de deux solides au contact.

Ce n'est là qu'une définition qualitative ; il faut apprendre à mesurer la force. Pour cela on montrera d'abord que l'on peut remplacer une force par une autre sans troubler l'équilibre ; nous trouverons le premier exemple de cette substitution dans la balance et la double pesée de Borda. Nous montrerons ensuite qu'on peut remplacer un poids, non seulement par un autre poids, mais par des forces de nature différente : par exemple le frein de Prony nous permet de remplacer un poids par un frottement.

De tout cela sort la notion de l'équivalence de deux forces.

Il faut définir la direction d'une force. Si une force F est équivalente à une autre force F' qui est appliquée au corps considéré par l'intermédiaire d'un fil tendu, de telle sorte que F puisse être remplacée par F' sans que l'équilibre soit troublé, alors le point d'attache du fil sera par définition le point d'application de la force F', et celui de la force équivalente F ; la direction du fil sera la direction de la force F' et celle de la force équivalente F.

De là, on passera à la comparaison de la grandeur des forces. Si une force peut en remplacer deux autres de même direction, c'est qu'elle est égale à leur somme, on montrera par exemple qu'un poids de 20 grammes peut remplacer deux poids de 10 grammes.

Est-ce suffisant? Pas encore. Nous savons maintenant comparer l'intensité de deux forces qui ont même direction et même point d'application ; il faut apprendre à le faire quand les directions sont différentes. Pour cela, imaginons un fil tendu par un poids et passant sur une poulie ; nous dirons que la tension des deux brins du fil est la même et égale au poids tenseur.

Voilà notre définition, elle nous permet de comparer les tensions de nos deux brins, et, en se servant des définitions précédentes, de comparer deux forces quelconques ayant même direction que ces deux brins. Il faut la justifier en montrant que la tension du dernier brin reste la même pour un même poids tenseur, quels que soient le nombre et la disposition des poulies de renvoi. Il faut la compléter ensuite en montrant que cela n'est vrai que si les poulies sont sans frottement.

Une fois maître de ces définitions, il faut faire voir que le point d'application, la direction et l'intensité suffisent pour déterminer une force ; que deux forces pour lesquelles ces trois éléments sont les mêmes sont *toujours* équivalentes et peuvent *toujours* être remplacées l'une par l'autre, soit dans l'équilibre, soit dans le mouvement, et cela quelles que soient les autres forces mises en jeu.

Il faut faire voir que deux forces concourantes peuvent toujours être remplacées par une résultante unique ; et que *cette résultante reste la même*, que le corps soit en repos ou en mouvement et quelles que soient les autres forces qui lui sont appliquées.

Il faut faire voir enfin que les forces définies comme nous venons de le faire satisfont au principe de l'égalité de l'action et de la réaction.

Tout cela, c'est l'expérience, et l'expérience seule qui peut nous l'apprendre.

Il suffira de citer quelques expériences vulgaires, que les élèves font tous les jours sans s'en douter, et d'exécuter devant eux un petit nombre d'expériences simples et bien choisies.

C'est quand on aura passé par tous ces détours qu'on pourra représenter les forces par des flèches, et même je voudrais que, dans le développement des raisonnements, l'on revint de temps en temps du symbole à la réalité. Il ne serait pas difficile par exemple d'illustrer le parallélogramme des forces à l'aide d'un appareil formé de trois fils, passant sur des poulies, tendus par des poids et se faisant équilibre en tirant sur un même point.

Connaissant la force, il est aisé de définir la masse ; cette fois la définition doit être empruntée à la dynamique ; il n'y a pas moyen de faire autrement, puisque le but à atteindre, c'est de faire comprendre la distinction entre la masse et le poids. Ici encore, la définition doit être préparée par des expériences ; il y a en effet une machine qui semble faite tout exprès pour montrer ce que c'est que la masse, c'est la machine d'Atwood ; on rappellera d'ailleurs les lois de la chute des corps, que l'accélération de la pesanteur est la même pour les corps légers, et qu'elle varie avec la latitude, etc.

Maintenant, si vous me dites que toutes les méthodes que je préconise sont depuis longtemps appliquées dans les lycées, je m'en réjouirai plus que je ne m'en étonnerai ; je sais que dans son ensemble notre enseignement mathématique est bon ; je ne désire pas qu'il soit bouleversé, j'en serais même désolé, je ne désire que des améliorations lentement progressives. Il ne faut pas que cet enseignement subisse de brusques oscillations au souffle capricieux de modes éphémères. Dans de pareilles tempêtes sombrerait bientôt sa haute valeur éducative. Une bonne et solide logique doit continuer à en faire le fond. La définition par exemple est toujours nécessaire, mais elle doit préparer la définition logique, elle ne doit pas la remplacer ; elle doit tout au moins la faire désirer, dans les cas où la véritable définition logique ne peut être donnée utilement que dans l'enseigement supérieur.

Vous avez bien compris que ce que j'ai dit aujourd'hui n'implique nullement l'abandon de ce que j'ai écrit ailleurs. J'ai eu souvent l'occasion de critiquer certaines définitions que je préconise aujourd'hui. Ces critiques subsistent tout entières. Ces définitions ne peuvent être que provisoires. Mais c'est par elles qu'il faut passer.

CHAPITRE III

Les Mathématiques et la Logique.

INTRODUCTION

Les mathématiques peuvent-elles être réduites à la logique sans avoir à faire appel à des principes qui leur soient propres? Il y a toute une école, pleine d'ardeur et de foi, qui s'efforce de l'établir. Elle a son langage spécial où il n'y a plus de mots et où on ne fait usage que de signes. Ce langage n'est compris que de quelques initiés, de sorte que les profanes sont disposés à s'incliner devant les affirmations tranchantes des adeptes. Il n'est peut-être pas inutile d'examiner ces affirmations d'un peu près, afin de voir si elles justifient le ton péremptoire avec lequel elles sont présentées.

Mais pour bien faire comprendre la nature de la question, il est nécessaire d'entrer dans quelques détails historiques et de rappeler en particulier le caractère des travaux de Cantor.

Depuis longtemps la notion d'infini avait été introduite en mathématiques ; mais cet infini était ce que les philosophes appellent un *devenir*. L'infini mathématique n'était qu'une quantité susceptible de croître au delà de toute limite ; c'était une quantité variable dont on ne pouvait pas dire qu'elle *avait dépassé* toutes les limites, mais seulement qu'elle les *dépasserait*.

Cantor a entrepris d'introduire en mathématiques un *infini actuel*, c'est-à-dire une quantité qui n'est pas seulement susceptible de dépasser toutes les limites, mais qui est regardée comme les ayant déjà dépassées. Il s'est posé des questions telles que celles-ci : Y a-t-il plus de points dans l'espace que de nombres entiers ? Y a-t-il plus de points dans l'espace que de points dans un plan ? etc.

Et alors le nombre des nombres entiers, celui des points dans l'espace, etc., constitue ce qu'il appelle un *nombre cardinal transfini*, c'est-à-dire un nombre cardinal plus grand que tous les nombres cardinaux ordinaires. Et il s'est amusé à comparer ces nombres cardinaux transfinis ; en rangeant dans un ordre convenable les éléments d'un ensemble qui en contient une infinité, il a imaginé aussi ce qu'il appelle des nombres ordinaux transfinis sur lesquels je n'insisterai pas.

De nombreux mathématiciens se sont lancés sur ses traces et se sont posé une série de questions de même genre. Ils se sont tellement familiarisés avec les nombres transfinis qu'ils en sont arrivés à faire dépendre la théorie des nombres finis de celle des nombres cardinaux de Cantor. A leurs yeux, pour enseigner l'arithmétique d'une façon vraiment logique, on devrait commencer par établir les propriétés générales des nombres cardinaux transfinis, puis distinguer parmi eux une toute petite classe, celle des nombres entiers ordinaires. Grâce à ce détour, on pourrait arriver à démontrer toutes les propositions relatives à cette petite classe (c'est-à-dire toute notre arithmétique et notre algèbre) sans se servir d'aucun principe étranger à la logique.

Cette méthode est évidemment contraire à toute saine psychologie; ce n'est certainement pas comme cela que l'esprit humain a procédé pour construire les mathématiques; aussi ses auteurs ne songent-ils pas, je pense, à l'introduire dans l'enseignement secondaire. Mais est-elle du moins logique, ou pour mieux dire est-elle correcte? Il est permis d'en douter.

Les géomètres qui l'ont employée sont cependant fort nombreux. Ils ont accumulé les formules et ils ont cru s'affranchir de ce qui n'était pas la logique pure en écrivant des mémoires où les formules n'alternent plus avec le discours explicatif comme dans les livres de mathématiques ordinaires, mais où ce discours a complètement disparu.

Malheureusement, ils sont arrivés à des résultats contradictoires, c'est ce qu'on appelle les *antinomies cantoriennes*, sur lesquelles nous aurons l'occasion de revenir. Ces contradictions ne les ont pas découragés et ils se sont efforcés de modifier leurs règles de façon à faire disparaître celles qui s'étaient déjà manifestées, sans être assurés pour cela qu'il ne s'en manifesterait plus de nouvelles.

Il est temps de faire justice de ces exagérations. Je n'espère pas les convaincre ; car ils ont trop longtemps vécu dans cette atmosphère. D'ailleurs, quand on a réfuté une de leurs démonstrations, on est sûr de la voir renaître avec des changements insignifiants, et quelques-unes d'entre elles sont déjà ressorties plusieurs fois de leurs cendres. Telle autrefois l'hydre de Lerne avec ses fameuses têtes qui repoussaient toujours. Hercule s'en est tiré parce que son hydre n'avait que neuf têtes, à moins que ce ne soit onze ; mais ici il y en a trop, il y en a en Angleterre, en Allemagne, en Italie, en France, et il devrait renoncer à la partie. Je ne fais donc appel qu'aux hommes de bon sens sans parti pris.

I

Dans ces dernières années, de nombreux travaux ont été publiés sur les mathématiques pures et la philosophie des mathématiques, en vue de dégager et d'isoler les éléments logiques du raisonnement mathématique. Ces travaux ont été analysés et exposés très clairement par M. Couturat dans un ouvage intitulé : *les Principes des Mathématiques*.

Pour M. Couturat, les travaux nouveaux, et en particulier ceux de MM. Russell et Peano, ont définitivement tranché le débat, depuis si longtemps pendant entre Leibniz et Kant. Ils ont montré qu'il n'y a pas de jugement synthétique *a priori* (comme disait Kant pour désigner les jugements qui ne peuvent être ni démontrés analytiquement, ni réduits à des identités, ni établis expérimentalement), ils ont montré que les mathématiques sont entièrement réductibles à la logique et que l'intuition n'y joue aucun rôle.

C'est ce que M. Couturat a exposé dans l'ouvrage que je viens de citer ; c'est ce qu'il a dit plus nettement encore à son discours du jubilé de Kant, si bien que j'ai entendu mon voisin dire à demi-voix : « On voit bien que c'est le centenaire de la *mort* de Kant ».

Pouvons-nous souscrire à cette condamnation définitive ? Je ne le crois pas, et je vais essayer de montrer pourquoi.

II

Ce qui nous frappe d'abord dans la nouvelle mathématique, c'est son caractère purement formel : « Pensons, dit Hilbert, trois sortes de *choses* que nous appellerons points, droites et plans ; convenons qu'une droite sera déterminée par deux points et qu'au lieu de dire que cette droite est déterminée par ces deux points, nous pourrons dire qu'elle passe par ces deux points ou que ces deux points sont situés sur cette droite ». Que sont ces *choses*? non seulement nous n'en savons rien, mais nous ne devons pas chercher à le savoir. Nous n'en avons pas besoin, et quelqu'un qui n'aurait jamais vu ni point, ni droite, ni plan, pourrait faire de la géométrie tout aussi bien que nous. Que le mot *passer par*, ou le mot *être situé sur* ne provoquent en nous aucune image, le premier est simplement synonyme de *être déterminé* et le second de *déterminer*.

Ainsi, c'est bien entendu, pour démontrer un théorème, il n'est pas nécessaire ni même utile de savoir ce qu'il veut dire. On pourrait remplacer le géomètre par le *piano à raisonner* imaginé par Stanley Jevons; ou, si l'on aime mieux, on pourrait imaginer une machine où l'on introduirait les axiomes par un bout pendant que l'on recueillerait les théorèmes à l'autre bout, comme cette machine légendaire de Chicago où les porcs entrent vivants et d'où ils sortent transformés en jambons et en saucisses. Pas plus que ces machines, le mathématicien n'a besoin de comprendre ce qu'il fait.

Ce caractère formel de sa géométrie, je n'en fais pas un reproche à Hilbert. C'était là qu'il devait tendre, étant donné le problème qu'il se posait. Il voulait réduire au minimum le nombre des axiomes fondamentaux de la géométrie et en faire l'énumé-

ration complète; or, dans les raisonnements où
notre esprit reste actif, dans ceux où l'intuition joue
encore un rôle, dans les raisonnements vivants,
pour ainsi dire, il est difficile de ne pas introduire
un axiome ou un postulat qui passe inaperçu. Ce
n'est donc qu'après avoir ramené tous les raisonnements géométriques à une forme purement mécanique, qu'il a pu être certain d'avoir réussi dans
son dessein et d'avoir achevé son œuvre.

Ce que Hilbert avait fait pour la géométrie, d'autres
ont voulu le faire pour l'arithmétique et pour l'analyse. Si même ils y avaient entièrement réussi, les
Kantiens seraient-ils définitivement condamnés au
silence? Peut-être pas, car en réduisant la pensée
mathématique à une forme vide, il est certain qu'on
la mutile. Admettons même que l'on ait établi que
tous les théorèmes peuvent se déduire par des procédés purement analytiques, par de simples combinaisons logiques d'un nombre fini d'axiomes, et que
ces axiomes ne sont que des conventions. Le philosophe conserverait le droit de rechercher les origines
de ces conventions, de voir pourquoi elles ont été
jugées préférables aux conventions contraires.

Et puis la correction logique des raisonnements
qui mènent des axiomes aux théorèmes n'est pas la
seule chose dont nous devions nous préoccuper.
Les règles de la parfaite logique sont-elles toute la
mathématique? Autant dire que tout l'art du joueur
d'échecs se réduit aux règles de la marche des pièces.

Parmi toutes les constructions que l'on peut combiner avec les matériaux fournis par la logique, il faut faire un choix; le vrai géomètre fait ce choix judicieusement parce qu'il est guidé par un sûr instinct, ou par quelque vague conscience de je ne sais quelle géométrie plus profonde et plus cachée, qui seule fait le prix de l'édifice construit.

Chercher l'origine de cet instinct, étudier les lois de cette géométrie profonde qui se sentent et ne s'énoncent pas, ce serait encore une belle tâche pour les philosophes qui ne veulent pas que la logique soit tout. Mais ce n'est pas à ce point de vue que je veux me placer, ce n'est pas ainsi que je veux poser la question. Cet instinct dont nous venons de parler est nécessaire à l'inventeur, mais il semble d'abord qu'on pourrait s'en passer pour étudier la science une fois créée. Eh bien, ce que je veux rechercher, c'est s'il est vrai qu'une fois admis les principes de la logique, on peut je ne dis pas découvrir, mais démontrer toutes les vérités mathématiques sans faire de nouveau appel à l'intuition.

III

À cette question, j'avais autrefois répondu que non (Voir *Science et Hypothèse*, chapitre Ier); notre réponse doit-elle être modifiée par les travaux récents? Si j'avais répondu que non, c'est parce que « le principe d'induction complète » me paraissait à

la fois nécessaire au mathématicien et irréductible a
la logique. On sait quel est l'énoncé de ce principe :

« Si une propriété est vraie du nombre 1, et si
l'on établit qu'elle est vraie de $n + 1$ pourvu qu'elle
le soit de n, elle sera vraie de tous les nombres
entiers. » J'y voyais le raisonnement mathématique
par excellence. Je ne voulais pas dire, comme on
l'a cru, que tous les raisonnements mathématiques
peuvent se réduire à une application de ce principe.
En examinant ces raisonnements d'un peu près, on
y verrait appliqués beaucoup d'autres principes
analogues, présentant les mêmes caractères essentiels. Dans cette catégorie de principes, celui de
l'induction complète est seulement le plus simple de
tous et c'est pour cela que je l'ai choisi pour type.

Le nom de principe d'induction complète qui a
prévalu n'est pas justifié. Ce mode de raisonnement
n'en est pas moins une véritable induction mathématique qui ne diffère de l'induction ordinaire que
par sa certitude.

IV

DÉFINITIONS ET AXIOMES

L'existence de pareils principes est une difficulté
pour les logiciens intransigeants; comment préten-
dent-ils s'en tirer? Le principe d'induction complète,
disent-ils, n'est pas un axiome proprement dit ou un

jugement synthétique *a priori*; c'est tout simplement la définition du nombre entier. C'est donc une simple convention. Pour discuter cette manière de voir, il nous faut examiner d'un peu près les relations entre les définitions et les axiomes.

Reportons-nous d'abord à un article de M. Couturat sur les définitions mathématiques, qui a paru dans l'*Enseignement mathématique*, revue publiée chez Gauthier-Villars et chez Georg à Genève. Nous y verrons une distinction entre la *définition directe* et la *définition par postulats*.

« La définition par postulats, dit M. Couturat, s'applique, non à une seule notion, mais à un système de notions; elle consiste à énumérer les relations fondamentales qui les unissent et qui permettent de démontrer toutes leurs autres propriétés; ces relations sont des postulats.... »

Si l'on a défini préalablement toutes ces notions, sauf une, alors cette dernière sera par définition l'objet qui vérifie ces postulats.

Ainsi certains axiomes indémontrables des mathématiques ne seraient que des définitions déguisées. Ce point de vue est souvent légitime; et je l'ai admis moi-même en ce qui concerne par exemple le postulatum d'Euclide.

Les autres axiomes de la géométrie ne suffisent pas pour définir complètement la distance; la distance sera alors, par définition, parmi toutes les grandeurs qui satisfont à ces autres axiomes, celle qui est telle que le postulatum d'Euclide soit vrai.

Eh bien, les logiciens admettent pour le principe d'induction complète ce que j'admets pour le postulatum d'Euclide, ils ne veulent y voir qu'une définition déguisée.

Mais pour qu'on ait ce droit, il y a deux conditions à remplir. Stuart Mill disait que toute définition implique un axiome, celui par lequel on affirme l'existence de l'objet défini. A ce compte, ce ne serait plus l'axiome qui pourrait être une définition déguisée, ce serait au contraire la définition qui serait un axiome déguisé. Stuart Mill entendait le mot existence dans un sens matériel et empirique ; il voulait dire qu'en définissant le cercle, on affirme qu'il y a des choses rondes dans la nature.

Sous cette forme, son opinion est inadmissible. Les mathématiques sont indépendantes de l'existence des objets matériels ; en mathématiques, le mot exister ne peut avoir qu'un sens, il signifie exempt de contradiction. Ainsi rectifiée, la pensée de Stuart Mill devient exacte ; en définissant un objet, on affirme que la définition n'implique pas contradiction.

Si nous avons donc un système de postulats, et si nous pouvons démontrer que ces postulats n'impliquent pas de contradiction, nous aurons le droit de les considérer comme représentant la définition de l'une des notions qui y figurent. Si nous ne pouvons pas démontrer cela, il faut que nous l'admettions sans démonstration et cela sera alors un axiome; de sorte que si nous voulions chercher la définition sous le postulat, nous retrouverions l'axiome sous la définition.

Le plus souvent, pour montrer qu'une définition n'implique pas contradiction, on procède *par l'exemple*, on cherche à former un exemple d'un objet satisfaisant à la définition. Prenons le cas d'une définition par postulats; nous voulons définir une notion A, et nous disons que, par définition, un A, c'est tout objet pour lequel certains postulats sont vrais. Si nous pouvons démontrer directement que tous ces postulats sont vrais d'un certain objet B, la définition sera justifiée; l'objet B sera un *exemple* d'un A. Nous serons certains que les postulats ne sont pas contradictoires, puisqu'il y a des cas où ils sont vrais tous à la fois.

Mais une pareille démonstration directe par l'exemple n'est pas toujours possible.

Pour établir que les postulats n'impliquent pas contradiction, il faut alors envisager toutes les propositions que l'on peut déduire de ces postulats considérés comme prémisses, et montrer que, parmi ces propositions, il n'y en a pas deux dont l'une soit la contradictoire de l'autre. Si ces propositions sont en nombre fini, une vérification directe est possible. Ce cas est peu fréquent et d'ailleurs peu intéressant.

Si ces propositions sont en nombre infini, on ne peut plus faire cette vérification directe; il faut recourir à des procédés de démonstration où en général on sera forcé d'invoquer ce principe d'induction complète qu'il s'agit précisément de vérifier.

Nous venons d'expliquer l'une des conditions auxquelles les logiciens devaient satisfaire, *et nous verrons plus loin qu'ils ne l'ont pas fait.*

V

Il y en a une seconde. Quand nous donnons une définition, c'est pour nous en servir.

Nous retrouverons donc dans la suite du discours le mot défini ; avons-nous le droit d'affirmer, de l'objet représenté par ce mot, le postulat qui a servi de définition? Oui, évidemment, si le mot a conservé son sens, si nous ne lui attribuons pas implicitement un sens différent. Or, c'est ce qui arrive quelquefois et il est le plus souvent difficile de s'en apercevoir; il faut voir comment ce mot s'est introduit dans notre discours, et si la porte par laquelle il est entré n'implique pas en réalité une autre définition que celle qu'on a énoncée.

Cette difficulté se présente dans toutes les applications des mathématiques. La notion mathématique a reçu une définition très épurée et très rigoureuse ; et pour le mathématicien pur toute hésitation a disparu ; mais si on veut l'appliquer aux sciences physiques par exemple, ce n'est plus à cette notion pure que l'on a affaire, mais à un objet concret qui n'en est souvent qu'une image grossière. Dire que cet objet satisfait, au moins approximativement, à la définition, c'est énoncer une vérité nouvelle, que l'expérience peut seule mettre hors de doute, et qui n'a plus le caractère d'un postulat conventionnel.

Mais, sans sortir des mathématiques pures, on rencontre encore la même difficulté.

Vous donnez du nombre une définition subtile; puis, une fois cette définition donnée, vous n'y pensez plus; parce que, en réalité, ce n'est pas elle qui vous a appris ce que c'était que le nombre, vous le saviez depuis longtemps, et quand le mot nombre se retrouve plus loin sous votre plume, vous y attachez le même sens que le premier venu ; pour savoir quel est ce sens et s'il est bien le même dans telle phrase ou dans telle autre, il faut voir comment vous avez été amené à parler de nombre et à introduire ce mot dans ces deux phrases. Je ne m'explique pas davantage sur ce point pour le moment car nous aurons l'occasion d'y revenir.

Ainsi voici un mot dont nous avons donné explicitement une définition A ; nous en faisons ensuite dans le discours un usage qui suppose implicitement une autre définition B. Il est possible que ces deux définitions désignent un même objet. Mais qu'il en soit ainsi, c'est une vérité nouvelle, qu'il faut, ou bien démontrer, ou bien admettre comme un axiome indépendant.

Nous verrons plus loin que les logiciens n'ont pas mieux rempli la seconde condition que la première.

VI

Les définitions du nombre sont très nombreuses et très diverses; je renonce à énumérer même les noms de leurs auteurs. Nous ne devons pas nous étonner qu'il y en ait tant. Si l'une d'elles était satisfaisante, on n'en donnerait plus de nouvelle. Si chaque nouveau philosophe qui s'est occupé de cette question a cru devoir en inventer une autre, c'est qu'il n'était pas satisfait de celles de ses devanciers, et s'il n'en était pas satisfait, c'est qu'il croyait y apercevoir une pétition de principe.

J'ai toujours éprouvé, en lisant les écrits consacrés à ce problème, un profond sentiment de malaise; je m'attendais toujours à me heurter à une pétition de principe et, quand je ne l'apercevais pas tout de suite, j'avais la crainte d'avoir mal regardé.

C'est qu'il est impossible de donner une définition sans énoncer une phrase, et difficile d'énoncer une phrase sans y mettre un nom de nombre, ou au moins le mot plusieurs, ou au moins un mot au pluriel. Et alors la pente est glissante et à chaque instant on risque de tomber dans la pétition de principe.

Je ne m'attacherai dans la suite qu'à celles de ces

définitions où la pétition de principe est le plus habilement dissimulée.

VII

LA PASIGRAPHIE

Le langage symbolique créé par M. Peano joue un très grand rôle dans ces nouvelles recherches. Il est susceptible de rendre quelques services, mais il me semble que M. Couturat y attache une importance exagérée qui a dû étonner M. Peano lui-même.

L'élément essentiel de ce langage, ce sont certains signes algébriques qui représentent les différentes conjonctions : si, et, ou, donc. Que ces signes soient commodes, c'est possible; mais qu'ils soient destinés à renouveler toute la philosophie, c'est une autre affaire. Il est difficile d'admettre que le mot *si* acquiert, quand on l'écrit ɔ, une vertu qu'il n'avait pas quand on l'écrivait *si*.

Cette invention de M. Peano s'est appelée d'abord la *pasigraphie*, c'est-à-dire l'art d'écrire un traité de mathématiques sans employer un seul mot de la langue usuelle. Ce nom en définissait très exactement la portée. Depuis, on l'a élevée à une dignité plus éminente, en lui conférant le titre de *logistique*. Ce mot est, paraît-il, employé à l'Ecole de Guerre, pour désigner l'art du maréchal des logis, l'art de faire marcher et de cantonner les troupes ; mais ici aucune confusion n'est à craindre et on voit tout de suite que ce nom nouveau implique le dessein de révolutionner la logique.

Nous pouvons voir la nouvelle méthode à l'œuvre dans un mémoire mathématique de M. Burali-Forti, intitulé : *Una Questione sui numeri transfiniti*, et inséré dans le tome XI des *Rendiconti del circolo matematico di Palermo*.

Je commence par dire que ce mémoire est très intéressant, et si je le prends ici pour exemple, c'est précisément parce qu'il est le plus important de tous ceux qui sont écrits dans le nouveau langage. D'ailleurs, les profanes peuvent le lire grâce à une traduction interlinéaire italienne.

Ce qui fait l'importance de ce mémoire, c'est qu'il a donné le premier exemple de ces antinomies que l'on rencontre dans l'étude des nombres transfinis et qui font depuis quelques années le désespoir des mathématiciens. Le but de cette note, dit M. Burali-Forti, c'est de montrer qu'il peut y avoir deux nombres transfinis (ordinaux), a et b, tels que a ne soit ni égal à b, ni plus grand, ni plus petit.

Que le lecteur se rassure, pour comprendre les considérations qui vont suivre, il n'a pas besoin de savoir ce que c'est qu'un nombre ordinal transfini.

Or, Cantor avait précisément démontré qu'entre deux nombres transfinis comme entre deux nombres finis, il ne peut y avoir d'autre relation que l'égalité, ou l'inégalité dans un sens ou dans l'autre. Mais ce n'est pas du fond de ce mémoire que je veux parler ici ; cela m'entraînerait beaucoup trop loin de mon sujet ; je veux seulement m'occuper de la forme, et précisément je me demande si cette forme lui fait beaucoup gagner en rigueur et si elle compense par là les efforts qu'elle impose à l'écrivain et au lecteur.

Nous voyons d'abord M. Burali-Forti définir le nombre 1 de la manière suivante :

$$1 = \iota T' \{ Ko \frown (u, h) \iota (u \, \iota \, Un) \},$$

définition éminemment propre à donner une idée du nombre 1 aux personnes qui n'en auraient jamais entendu parler.

J'entends trop mal le péanien pour oser risquer une critique, mais je crains bien que cette définition ne contienne une pétition de principe, attendu que j'aperçois 1 en chiffre dans le premier membre et Un en toutes lettres dans le second.

Quoi qu'il en soit, M. Burali-Forti part de cette définition et, après un court calcul, il arrive à l'équation :

$$(27) \qquad\qquad 1 \, \iota \, No,$$

qui nous apprend que Un est un nombre.

Et puisque nous en sommes à ces définitions des premiers nombres, rappelons que M. Couturat a défini également 0 et 1.

Qu'est-ce que zéro? c'est le nombre des éléments de la classe nulle; et qu'est-ce que la classe nulle? c'est celle qui ne contient aucun élément.

Définir zéro par nul, et nul par aucun, c'est vraiment abuser de la richesse de la langue française; aussi M. Couturat a-t-il introduit un perfectionnement dans sa définition, en écrivant :

$$0 = \iota\Lambda : \varphi x = \Lambda . \ni . \Lambda = (x \, \varepsilon \, \varphi x),$$

ce qui veut dire en français : zéro est le nombre des objets qui satisfont à une condition qui n'est jamais remplie.

Mais comme jamais signifie *en aucun cas*, je ne vois pas que le progrès soit considérable.

Je me hâte d'ajouter que la définition que M. Couturat donne du nombre 1 est plus satisfaisante.

Un, dit-il en substance, est le nombre des éléments d'une classe dont deux éléments quelconques sont identiques.

Elle est plus satisfaisante, ai-je dit, en ce sens que pour définir 1, il ne se sert pas du mot un; en revanche, il se sert du mot deux. Mais j'ai peur que si on demandait à M. Couturat ce que c'est que deux, il ne soit obligé de se servir du mot un.

VIII

Mais revenons au mémoire de M. Burali-Forti ; j'ai dit que ses conclusions sont en opposition directe avec celles de Cantor. Or, un jour, je reçus la visite de M. Hadamard et la conversation tomba sur cette antinomie.

« Le raisonnement de Burali-Forti, lui disais-je, ne vous semble-t-il pas irréprochable?

— Non, et au contraire je ne trouve rien à objecter à celui de Cantor. D'ailleurs, Burali-Forti n'avait pas le droit de parler de l'ensemble de *tous* les nombres ordinaux.

— Pardon, il avait ce droit puisqu'il pouvait toujours poser.

$$\Omega = T'(No, \bar{\varepsilon} >).$$

Je voudrais bien savoir qui aurait pu l'en empêcher, et peut-on dire qu'un objet n'existe pas, quand on l'a appelé Ω? »

Ce fut en vain, je ne pus le convaincre (ce qui d'ailleurs eût été fâcheux, puisqu'il avait raison). Était-ce seulement parce que je ne parlais pas le péanien avec assez d'éloquence? peut-être; mais entre nous je ne le crois pas.

Ainsi, malgré tout cet appareil pasigraphique, la question n'était pas résolue. Qu'est-ce que cela

prouve? Tant qu'il s'agit seulement de démontrer
que un est un nombre, la pasigraphie suffit, mais si
une difficulté se présente, s'il y a une antinomie à
résoudre, la pasigraphie devient impuissante.

CHAPITRE IV

Les Logiques nouvelles

————

I

LA LOGIQUE DE RUSSELL

Pour justifier ses prétentions, la logique a dû se transformer. On a vu naître des logiques nouvelles dont la plus intéressante est celle de M. Russell. Il semble qu'il n'y ait rien à écrire de nouveau sur la logique formelle et qu'Aristote en ait vu le fond. Mais le champ que M. Russell attribue à la logique est infiniment plus étendu que celui de la logique classique et il a trouvé moyen d'émettre sur ce sujet des vues originales et parfois justes.

D'abord, tandis que la logique d'Aristote était avant tout la logique des classes et prenait pour point de départ la relation de sujet à prédicat, M. Russell subordonne la logique des classes à celle des propositions. Le syllogisme classique : « Socrate est un homme », etc., fait place au syllogisme hypothétique : Si A est vrai, B est vrai, or si B est vrai, C est vrai, etc. Et c'est là, à mon sens, une idée des plus heureuses, car le syllogisme classique est facile à ramener au syllogisme hypothétique, tandis que la transformation inverse ne se fait pas sans difficulté.

Et puis ce n'est pas tout : la logique des propositions de M. Russell est l'étude des lois suivant lesquelles se combinent les conjonctions *si*, *et*, *ou*, et la négation *ne pas*. C'est une extension considérable de l'ancienne logique. Les propriétés du syllogisme classique s'étendent sans peine au syllogisme hypothétique et, dans les formes de ce dernier, on reconnaît aisément les formes scolastiques ; on retrouve ce qu'il y a d'essentiel dans la logique classique. Mais la théorie du syllogisme n'est encore que la syntaxe de la conjonction *si* et peut-être de la négation.

En y adjoignant deux autres conjonctions *et* et *ou*, M. Russell ouvre à la logique un domaine nouveau. Les signes *et*, *ou* suivent les mêmes lois que les deux signes $\times$ et $+$, c'est-à-dire les lois commutative, associative et distributive. Ainsi *et* représente la multiplication logique, tandis que *ou* représente l'addition logique. Cela aussi est très intéressant.

M. B. Russell arrive à cette conclusion qu'une proposition fausse quelconque implique toutes les

autres propositions vraies ou fausses. M. Couturat
dit que cette conclusion semblera paradoxale au
premier abord. Il suffit cependant d'avoir corrigé
une mauvaise thèse de mathématique, pour reconnaître combien M. Russell a vu juste. Le candidat se
donne souvent beaucoup de mal pour trouver la
première équation fausse ; mais dès qu'il l'a obtenue,
ce n'est plus qu'un jeu pour lui d'accumuler les résultats les plus surprenants, dont quelques-uns même
peuvent être exacts.

II

On voit combien la nouvelle logique est plus
riche que la logique classique ; les symboles se
sont multipliés et permettent des combinaisons
variées *qui ne sont plus en nombre limité*. A-t-on
le droit de donner cette extension au sens du mot
logique? il serait oiseux d'examiner cette question,
et de chercher à M. Russell une simple querelle de
mots. Accordons-lui ce qu'il demande ; mais ne
nous étonnons pas si certaines vérités, que l'on
avait déclarées irréductibles à la logique, au sens
ancien du mot, se trouvent être devenues réductibles à la logique, au sens nouveau, qui est tout
différent.

Nous avons introduit un grand nombre de notions
nouvelles ; et ce n'étaient pas de simples combinaisons des anciennes ; M. Russell ne s'y est d'ailleurs

pas trompé, et non seulement au début du premier chapitre, c'est-à-dire de la logique des propositions, mais au début du second et du troisième, c'est-à-dire de la logique des classes et des relations, il introduit des mots nouveaux qu'il déclare indéfinissables.

Et ce n'est pas tout, il introduit également des principes qu'il déclare indémontrables. Mais ces principes indémontrables, ce sont des appels à l'intuition, des jugements synthétiques *a priori*. Nous les regardions comme intuitifs quand nous les rencontrions, plus ou moins explicitement énoncés, dans les traités de mathématiques; ont-ils changé de caractère, parce que le sens du mot logique s'est élargi et que nous les trouvons maintenant dans un livre intitulé *Traité de logique? Ils n'ont pas changé de nature; ils ont seulement changé de place.*

III

Ces principes pourraient-ils être considérés comme des définitions déguisées? Pour cela, il faudrait que l'on eût le moyen de démontrer qu'ils n'impliquent pas contradiction. Il faudrait établir que, quelque loin qu'on poursuive la série des déductions, on ne sera jamais exposé à se contredire.

On pourrait essayer de raisonner comme il suit : Nous pouvons vérifier que les opérations de la nouvelle logique appliquées à des prémisses exemptes

de contradiction ne peuvent donner que des conséquences également exemptes de contradiction. Si
donc après n opérations, nous n'avons pas rencontré
de contradiction, nous n'en rencontrerons non
plus après la $n + 1^e$. Il est donc impossible qu'il y
ait un moment où la contradiction *commence*, ce
qui montre que nous n'en rencontrerons jamais.
Avons-nous le droit de raisonner ainsi? Non, car
ce serait faire de l'induction complète; et, *le principe d'induction complète, rappelons-le bien, nous
ne le connaissons pas encore.*

Nous n'avons donc pas le droit de regarder ces
axiomes comme des définitions déguisées et il ne
nous reste qu'une ressource, il faut pour chacun
d'eux admettre un nouvel acte d'intuition. C'est
bien, d'ailleurs, à ce que je crois, la pensée de
M. Russell et de M. Couturat.

Ainsi, chacune des neuf notions indéfinissables
et des vingt propositions indémontrables (je crois
bien que si c'était moi qui avais compté, j'en aurais
trouvé quelques-unes de plus) qui font le fondement
de la logique nouvelle, de la logique au sens large,
suppose un acte nouveau et indépendant de notre
intuition et, pourquoi ne pas le dire, un véritable
jugement synthétique *a priori*. Sur ce point tout le
monde semble d'accord, mais ce que M. Russell
prétend, et *ce qui me paraît douteux, c'est qu'après
ces appels à l'intuition, ce sera fini; on n'aura
plus à en faire d'autres et on pourra constituer*

la mathématique tout entière sans faire intervenir aucun élément nouveau.

IV

M. Couturat répète souvent que cette logique nouvelle est tout à fait indépendante de l'idée de nombre. Je ne m'amuserai pas à compter combien son exposé contient d'adjectifs numéraux, tant cardinaux qu'ordinaux, ou d'adjectifs indéfinis, tels que plusieurs. Citons cependant quelques exemples :

« Le produit logique de *deux* ou *plusieurs* propositions est .... » ;

« Toutes les propositions sont susceptibles de *deux* valeurs seulement, le vrai et le faux » ;

« Le produit relatif de *deux* relations est une relation » ;

« Une relation a lieu entre *deux* termes », etc., etc.

Quelquefois cet inconvénient ne serait pas impossible à éviter, mais quelquefois aussi il est essentiel. Une relation est incompréhensible sans deux termes ; il est impossible d'avoir l'intuition de la relation, sans avoir en même temps celle de ses deux termes, et sans remarquer qu'ils sont deux, car, pour que la relation soit concevable, il faut qu'ils soient deux et deux seulement.

V

L'ARITHMÉTIQUE

J'arrive à ce que M. Couturat appelle la *théorie ordinale* et qui est le fondement de l'arithmétique proprement dite. M. Couturat commence par énoncer les cinq axiomes de Peano, qui sont indépendants, comme l'ont démontré MM. Peano et Padoa.

1. Zéro est un nombre entier.

2. Zéro n'est le suivant d'aucun nombre entier.

3. Le suivant d'un entier est un entier

auquel il conviendrait d'ajouter

tout entier a un suivant.

4. Deux nombres entiers sont égaux, si leurs suivants le sont.

Le 5ᵉ axiome est le principe d'induction complète.

M. Couturat considère ces axiomes comme des définitions déguisées; ils constituent la définition par postulats de zéro du « suivant », et du nombre entier.

Mais nous avons vu que, pour qu'une définition par postulats puisse être acceptée, il faut que l'on puisse établir qu'elle n'implique pas contradiction.

Est-ce le cas ici? Pas le moins du monde.

La démonstration ne peut se faire *par l'exemple.*

On ne peut choisir une partie des nombres entiers, par exemple les trois premiers, et démontrer qu'ils satisfont à la définition.

Si je prends la série 0, 1, 2, je vois bien qu'elle satisfait aux axiomes 1, 2, 4 et 5; mais, pour qu'elle satisfasse à l'axiome 3, il faut encore que 3 soit un entier, et, par conséquent, que la série 0, 1, 2, 3 satisfasse aux axiomes; on vérifierait qu'elle satisfait aux axiomes 1, 2, 4, 5, mais l'axiome 3 exige, en outre, que 4 soit un entier et que la série 0, 1, 2, 3, 4 satisfasse aux axiomes, et ainsi de suite.

Il est donc impossible de démontrer les axiomes pour quelques nombres entiers sans les démontrer pour tous; il faut renoncer à la démonstration par l'exemple.

Il faut alors prendre toutes les conséquences de nos axiomes et voir si elles ne contiennent pas de contradiction. Si ces conséquences étaient en nombre fini, ce serait facile; mais elles sont en nombre infini; ce sont toutes les mathématiques, ou au moins toute l'arithmétique.

Alors que faire? Peut-être à la rigueur pourrait-on répéter le raisonnement du n° III.

Mais, nous l'avons dit, *ce raisonnement, c'est de l'induction complète*, et c'est précisément le principe d'induction complète qu'il s'agirait de justifier.

VI

LA LOGIQUE DE HILBERT

J'arrive maintenant au travail capital de M. Hilbert qu'il a communiqué au Congrès des Mathématiciens à Heidelberg, et dont une traduction française due à M. Pierre Boutroux a paru dans l'*Enseignement mathématique*, pendant qu'une traduction anglaise due à M. Halsted paraissait dans *The Monist*. Dans ce travail, où l'on trouvera les pensées les plus profondes, l'auteur poursuit un but analogue à celui de M. Russell, mais sur bien des points il s'écarte de son devancier.

« Cependant, dit-il, si nous y regardons de près, nous constatons que dans les principes logiques, tels qu'on a coutume de les présenter, se trouvent impliquées déjà certaines notions arithmétiques, par exemple la notion d'Ensemble, et dans une certaine mesure, la notion de Nombre. Ainsi nous nous trouvons pris dans un cercle et c'est pourquoi, afin d'éviter tout paradoxe, il me paraît nécessaire de développer simultanément les principes de la Logique et ceux de l'Arithmétique. »

Nous avons vu plus haut que, ce que dit M. Hilbert des principes de la Logique *tels qu'on a coutume de les présenter*, s'applique également à la logique de M. Russell. Ainsi, pour M. Russell, la Logique est antérieure à l'Arithmétique ; pour M. Hilbert, elles sont « simultanées ». Nous trouverons plus loin d'autres différences plus profondes encore. Mais nous les signalerons à mesure qu'elles se présenteront ; je préfère suivre pas à pas le développement de la pensée de Hilbert, en citant textuellement les passages les plus importants.

« Prenons tout d'abord en considération l'objet 1. » Remarquons qu'en agissant ainsi nous n'impliquons nullement la notion de nombre, car il est bien entendu que 1 n'est ici qu'un symbole et que nous ne nous préoccupons nullement d'en connaître la signification. » Les groupes formés avec cet objet, deux, trois, ou plusieurs fois répété.... » Ah ! cette fois-ci, il n'en est plus de même, si nous introduisons les mots deux, trois et surtout plusieurs, nous introduisons la notion de nombre ; et alors la définition du nombre entier fini que nous trouverons tout à l'heure, arrivera bien tard. L'auteur était beaucoup trop avisé pour ne pas s'apercevoir de cette pétition de principe. Aussi, à la fin de son travail, cherche-t-il à procéder à un vrai *replâtrage*.

Hilbert introduit ensuite deux objets simples 1 et $=$ et envisage toutes les combinaisons de ces deux objets, toutes les combinaisons de leurs combinaisons, etc. Il va sans dire qu'il faut oublier la signification habituelle de ces deux signes et ne leur en attribuer aucune. Il répartit ensuite ces combinai-

sons en deux classes, celle des êtres et celle des
non-êtres et jusqu'à nouvel ordre cette répartition
est entièrement arbitraire; toute proposition affirmative nous apprend qu'une combinaison appartient à la classe des êtres; toute proposition négative nous apprend qu'une certaine combinaison
appartient à celle des non-êtres.

VII

Signalons maintenant une différence qui est de la
plus haute importance. Pour M. Russell un objet
quelconque qu'il désigne par x c'est un objet absolument indéterminé et sur lequel il ne suppose
rien; pour Hilbert, c'est l'une des combinaisons
formées avec les symboles 1 et $=$; il ne saurait
concevoir qu'on introduise autre chose que des
combinaisons des objets déjà définis. Hilbert
formule d'ailleurs sa pensée de la façon la plus
nette, et je crois devoir reproduire *in extenso*
son énoncé. « Les indéterminées qui figurent dans
les axiomes (en place du quelconque ou du tous de
la logique ordinaire) représentent exclusivement
l'ensemble des objets et des combinaisons qui nous
sont déjà acquis en l'état actuel de la théorie, ou
que nous sommes en train d'introduire. Lors donc
qu'on déduira des propositions des axiomes considérés, ce sont ces objets et ces combinaisons seuls
que l'on sera en droit de substituer aux indétermi-

nées. Il ne faudra pas non plus oublier que, lorsque nous augmentons le nombre des objets fondamentaux, les axiomes acquièrent du même coup une extension nouvelle et doivent, par suite, être de nouveau mis à l'épreuve et au besoin modifiés. »

Le contraste est complet avec la manière de voir de M. Russell. Pour ce dernier philosophe, nous pouvons substituer à la place de x non seulement des objets déjà connus, mais n'importe quoi. Russell est fidèle à son point de vue, qui est celui de la compréhension. Il part de l'idée générale d'être et l'enrichit de plus en plus tout en la restreignant, en y ajoutant des qualités nouvelles. Hilbert ne reconnaît au contraire comme êtres possibles que des combinaisons d'objets déjà connus; de sorte que (en ne regardant qu'un des côtés de sa pensée) on pourrait dire qu'il se place au point de vue de l'extension.

VIII

Poursuivons l'exposé des idées de Hilbert. Il introduit deux axiomes qu'il énonce dans son langage symbolique mais qui signifient, dans le langage des profanes comme nous, que toute quantité est égale à elle-même et que toute opération faite sur deux quantités identiques donne des résultats identiques. Avec cet énoncé ils sont évidents, mais les présenter ainsi serait trahir la pensée de M. Hilbert. Pour lui les mathématiques n'ont à combiner que de purs symboles et un vrai mathématicien doit raisonner sur eux sans se préoccuper de leur sens. Aussi ses axiomes ne sont pas pour lui ce qu'ils sont pour le vulgaire.

Il les considère comme représentant la définition par postulats du symbole = jusqu'ici vierge de toute signification. Mais pour justifier cette définition, il faut montrer que ces deux axiomes ne conduisent à aucune contradiction.

Pour cela M. Hilbert se sert du raisonnement du n° III, sans paraître s'apercevoir qu'il fait de l'induction complète.

IX

La fin du mémoire de M. Hilbert est tout à fait enigmatique et nous n'y insisterons pas. Les contradictions s'y accumulent; on sent que l'auteur a vaguement conscience de la pétition de principe qu'il a commise, et qu'il cherche vainement à replâtrer les fissures de son raisonnement.

Qu'est-ce à dire? *Au moment de démontrer que la définition du nombre entier par l'axiome d'induction complète n'implique pas contradiction, M. Hilbert se dérobe comme se sont dérobés MM. Russell et Couturat parce que la difficulté est trop grande.*

X

LA GÉOMÉTRIE

La géométrie, dit M. Couturat, est un vaste corps de doctrine où le principe d'induction complète n'intervient pas. Cela est vrai dans une certaine mesure, on ne peut pas dire qu'il n'intervient pas, mais il intervient peu. Si l'on se rapporte à la *Rational Geometry* de M. Halsted (New-York, John Wiley and Sons, 1904) établie d'après les principes de M. Hilbert, on voit intervenir le principe d'induction pour la première fois à la page 114 (à moins que j'aie mal cherché, ce qui est bien possible).

Ainsi, la géométrie qui, il y a quelques années à peine, semblait le domaine où le règne de l'intuition était incontesté, est aujourd'hui celui où les logisticiens semblent triompher. Rien ne saurait mieux faire mesurer l'importance des travaux géométriques de M. Hilbert et la profonde empreinte qu'ils ont laissée sur nos conceptions.

Mais il ne faut pas s'y tromper. *Quel est en somme le théorème fondamental de la Géométrie? C'est que les axiomes de la Géométrie n'impliquent pas contradiction et, cela, on ne peut pas le démontrer sans le principe d'induction.*

Comment Hilbert démontre-t-il ce point essentiel? C'est en s'appuyant sur l'Analyse et par elle sur l'Arithmétique, et par elle sur le principe d'induction.

Et si jamais on invente une autre démonstration, il faudra encore s'appuyer sur ce principe, puisque les conséquences possibles des axiomes, dont il faut montrer qu'elles ne sont pas contradictoires, sont en nombre infini.

XI

CONCLUSION

Notre conclusion, c'est d'abord que le *principe d'induction ne peut pas être regardé comme la définition déguisée du nombre entier.*

Voici trois vérités :

Le principe d'induction complète ;

Le postulatum d'Euclide ;

La loi physique d'après laquelle le phosphore fond à 44° (citée par M. Le Roy).

On dit : Ce sont trois définitions déguisées, la première, celle du nombre entier, la seconde, celle de la ligne droite, la troisième, celle du phosphore.

Je l'admets pour la seconde, je ne l'admets pas pour les deux autres, il faut que j'explique la raison de cette apparente inconséquence.

D'abord, nous avons vu qu'une définition n'est acceptable que s'il est établi qu'elle n'implique pas contradiction. Nous avons montré également que, pour la première définition, cette démonstration est impossible; au contraire, nous venons de rappeler que pour la seconde Hilbert avait donné une démonstration complète.

En ce qui concerne la troisième, il est clair qu'elle n'implique pas contradiction: mais cela veut-il dire que cette définition garantit, comme il le faudrait, l'existence de l'objet défini? Nous ne sommes plus ici dans les sciences mathématiques, mais dans les sciences physiques, et le mot existence n'a plus le même sens, il ne signifie plus absence de contradiction, il signifie existence objective.

Et voilà déjà une première raison de la distinction que je fais entre les trois cas; il y en a une seconde.

Dans les applications que nous avons à faire de ces trois notions, se présentent-elles à nous comme définies par ces trois postulats?

Les applications possibles du principe d'induction sont innombrables; prenons par exemple l'une de celles que nous avons exposées plus haut, et où on cherche à établir qu'un ensemble d'axiomes ne peut conduire à une contradiction. Pour cela on considère l'une des séries de syllogismes que l'on peut poursuivre en partant de ces axiomes comme prémisses.

Quand on a fini le n^e syllogisme, on voit qu'on peut en faire encore un autre et c'est le $n + 1^e$; ainsi le nombre n sert à compter une série d'opérations successives, c'est un nombre qui peut être obtenu par additions successives. C'est donc un nombre depuis lequel on peut remonter à l'unité par *soustractions successives*. On ne le pourrait évidemment pas si on avait $n = n - 1$, parce qu'alors par soustraction on retrouverait toujours le même nombre. Ainsi donc la façon dont nous avons été amenés à considérer ce nombre n implique une définition du nombre entier fini et cette définition est la suivante : *un nombre entier fini est celui qui peut être obtenu par additions successives, c'est celui qui est tel que n n'est pas égal à $n - 1$.*

Cela posé, qu'est-ce que nous faisons? Nous montrons que, s'il n'y a pas eu de contradiction au n^e syllogisme, il n'y en aura pas davantage au $n + 1^e$ et nous concluons qu'il n'y en aura jamais. Vous dites : j'ai le droit de conclure ainsi, parce que les nombres entiers sont par définition ceux pour lesquels un pareil raisonnement est légitime ; mais cela implique une autre définition du nombre entier et qui est la suivante : *un nombre entier est celui sur lequel on peut raisonner par récurrence* ; dans l'espèce c'est celui dont on peut dire que, si l'absence de contradiction au moment d'un syllogisme dont le numéro est entier entraine l'absence de contradiction au moment du syllogisme dont le numéro est l'entier suivant, on n'aura à craindre aucune contradiction pour aucun des syllogismes dont le numéro est entier.

Les deux définitions ne sont pas identiques; elles sont équivalentes sans doute, mais elles le sont en vertu d'un jugement synthétique *a priori*; on ne peut pas passer de l'une à l'autre par des procédés purement logiques. Par conséquent, nous n'avons pas le droit d'adopter la seconde, après avoir introduit le nombre entier par un chemin qui suppose la première.

Au contraire, qu'arrive-t-il pour la ligne droite? Je l'ai déjà expliqué si souvent que j'hésite à me répéter une fois de plus : je me borne à résumer brièvement ma pensée.

Nous n'avons pas, comme dans le cas précédent, deux définitions équivalentes irréductibles logiquement l'une à l'autre. Nous n'en avons qu'une, exprimable par des mots. Dira-t-on qu'il y en a une autre que nous sentons sans pouvoir l'énoncer parce que nous avons l'intuition de la ligne droite ou parce que nous nous représentons la ligne droite. Tout d'abord, nous ne pouvons nous la représenter dans l'espace géométrique, mais seulement dans l'espace représentatif, et puis nous pouvons nous représenter tout aussi bien les objets qui possèdent les autres propriétés de la ligne droite, sauf celle de satisfaire au postulatum d'Euclide. Ces objets sont « les droites non-euclidiennes » qui à un certain point de vue ne sont pas des entités vides de sens, mais des cercles (de vrais cercles du vrai espace) orthogonaux à une certaine sphère. Si, parmi ces objets également susceptibles de représentation, ce sont les premiers (les droites euclidiennes) que nous appelons droites, et non pas les derniers (les droites non-euclidiennes), c'est bien par définition.

Et si nous arrivons enfin au troisième exemple, à la définition du phosphore, nous voyons que la vraie définition serait : Le phosphore, c'est ce morceau de matière que je vois là dans tel flacon.

XII

Et puisque je suis sur ce sujet, encore un mot. Pour l'exemple du phosphore j'ai dit : « Cette proposition est une véritable loi physique vérifiable, car elle signifie : tous les corps qui possèdent toutes les autres propriétés du phosphore, sauf son point de fusion, fondent comme lui à $44°$ ». Et on m'a répondu : « Non, cette loi n'est pas vérifiable, car si l'on venait à vérifier que deux corps ressemblant au phosphore fondent l'un à $44°$ et l'autre à $50°$, on pourrait toujours dire qu'il y a sans doute, outre le point de fusion, quelque autre propriété inconnue par laquelle ils diffèrent. »

Ce n'était pas tout à fait cela que j'avais voulu dire, j'aurais dû écrire : Tous les corps qui possèdent telles et telles propriétés en nombre fini (à savoir les propriétés du phosphore qui sont énoncées dans les traités de Chimie, le point de fusion excepté) fondent à 44°.

Et pour mettre mieux en évidence la différence entre le cas de la droite et celui du phosphore, faisons encore une remarque. La droite possède dans la nature plusieurs images plus ou moins imparfaites, dont les principales sont les rayons lumineux et l'axe de rotation d'un corps solide. Je suppose que l'on constate que le rayon lumineux ne satisfait pas au postulatum d'Euclide (par exemple en montrant qu'une étoile a une parallaxe négative), que ferons-nous? Conclurons-nous que la droite étant par définition la trajectoire de la lumière ne satisfait pas au postulatum, ou bien au contraire que la droite satisfaisant par définition au postulatum, le rayon lumineux n'est pas rectiligne?

Assurément, nous sommes libres d'adopter l'une ou l'autre définition et par conséquent l'une ou l'autre conclusion; mais adopter la première ce serait stupide, parce que le rayon lumineux ne satisfait probablement que d'une façon imparfaite non seulement au postulatum d'Euclide, mais aux autres propriétés de la ligne droite; que s'il s'écarte de la droite euclidienne, il ne s'écarte pas moins de l'axe de rotation des corps solides qui est une autre image imparfaite de la ligne droite; qu'enfin il est sans doute sujet au changement, de sorte que telle ligne qui était droite hier, cessera de l'être demain si quelque circonstance physique a changé.

Supposons maintenant que l'on vienne à découvrir que le phosphore ne fond pas à 44°, mais à 43°9. Conclurons-nous que le phosphore étant par définition ce qui fond à 44°, ce corps que nous appelions phosphore n'est pas du vrai phosphore, ou au contraire que le phosphore fond à 43°,9 ? Ici encore nous sommes libres d'adopter l'une ou l'autre définition et par conséquent l'une ou l'autre conclusion ; mais adopter la première, ce serait stupide parce qu'on ne peut pas changer le nom d'un corps toutes les fois qu'on détermine une nouvelle décimale de son point de fusion.

XIII

En résumé, MM. Russell et Hilbert ont fait l'un et l'autre un vigoureux effort ; ils ont écrit l'un et l'autre un livre plein de vues originales, profondes, et souvent très justes. Ces deux livres nous donneront beaucoup à réfléchir et nous avons beaucoup à y apprendre. Parmi leurs résultats, quelques-uns, beaucoup même, sont solides et destinés à demeurer.

Mais dire qu'ils ont définitivement tranché le débat entre Kant et Leibniz et ruiné la théorie kantienne des mathématiques, c'est évidemment inexact. Je ne sais si réellement ils ont cru l'avoir fait, mais s'ils l'ont cru, ils se sont trompés.

CHAPITRE V

Les derniers efforts des Logisticiens.

I

Les logisticiens ont cherché à répondre aux considérations qui précèdent. Pour cela, il leur a fallu transformer la Logistique, et M. Russell en particulier a modifié sur certains points ses vues primitives. Sans entrer dans le détail du débat, je voudrais revenir sur les deux questions les plus importantes à mon sens : les règles de la Logistique ont-elles fait leurs preuves de fécondité et d'infaillibilité ? Est-il vrai qu'elles permettent de démontrer le principe d'induction complète sans aucun appel à l'intuition ?

II

L'INFAILLIBILITÉ DE LA LOGISTIQUE

En ce qui concerne la fécondité, il semble que M. Couturat se fasse de naïves illusions. La Logistique, d'après lui, prête à l'invention « des échasses et des ailes » et à la page suivante : « *Il y a dix ans que M. Peano a publié la première édition de son Formulaire.* »

Comment, voilà dix ans que vous avez des ailes, et vous n'avez pas encore volé !

J'ai la plus grande estime pour M. Peano, qui a fait de très jolies choses (par exemple sa courbe qui remplit toute une aire); mais enfin il n'est allé ni plus loin, ni plus haut, ni plus vite que la plupart des mathématiciens aptères, et il aurait pu faire tout aussi bien avec ses jambes.

Je ne vois au contraire dans la logistique que des entraves pour l'inventeur; elle ne nous fait pas gagner en concision, loin de là, et s'il faut 27 équations pour établir que 1 est un nombre, combien en faudra-t-il pour démontrer un vrai théorème? Si nous distinguons, avec M. Whitehead, l'individu x, la classe dont le seul membre est x et qui s'appellera ιx, puis la classe dont le seul membre est la classe dont le seul membre est x et qui s'appellera $\iota\iota x$, croit-on que ces distinctions, si utiles qu'elles soient, vont beaucoup alléger notre allure?

La Logistique nous force à dire tout ce qu'on sous-entend d'ordinaire; elle nous force à avancer pas à pas; c'est peut-être plus sûr, mais ce n'est pas plus rapide.

Ce ne sont pas des ailes que vous nous donnez, ce sont des lisières. Et alors nous avons le droit d'exiger que ces lisières nous empêchent de tomber. Ce sera leur seule excuse. Quand une valeur ne rapporte pas de gros intérêts, il faut au moins que ce soit un placement de père de famille.

Doit-on suivre vos règles aveuglément? Oui, sans quoi ce serait l'intuition seule qui nous permettrait de discerner entre elles; mais alors il faut qu'elles soient infaillibles; ce n'est que dans une autorité infaillible qu'on peut avoir une confiance aveugle. C'est donc une nécessité pour vous. Vous serez infaillibles ou vous ne serez pas.

Vous n'avez pas le droit de nous dire : « Nous nous trompons, c'est vrai, mais vous vous trompez aussi ». Nous tromper, pour nous, c'est un malheur, un très grand malheur, pour vous c'est la mort.

Ne dites pas non plus : est-ce que l'infaillibilité de l'arithmétique empêche les erreurs d'addition? les règles du calcul sont infaillibles, et pourtant on voit se tromper *ceux qui n'appliquent pas ces règles*; mais en revisant leur calcul, on verra tout de suite à quel moment ils s'en sont écartés. Ici ce n'est pas cela du tout; les logisticiens *ont appliqué* leurs règles, et ils sont tombés dans la contradiction; et cela est si vrai qu'ils s'apprêtent à changer ces règles, et à « sacrifier la notion de classe ». Pourquoi les changer si elles étaient infaillibles?

« Nous ne sommes pas obligés, dites-vous, de

résoudre *hic et nunc* tous les problèmes possibles. » Oh, nous ne vous en demandons pas tant; si, en face d'un problème, vous ne donniez *aucune* solution, nous n'aurions rien à dire; mais au contraire vous nous en donnez *deux* et qui sont contradictoires et dont par conséquent une au moins est fausse, et c'est cela qui est une faillite.

M. Russell cherche à concilier ces contradictions, ce qu'on ne peut faire d'après lui, « qu'en restreignant ou même en sacrifiant la notion de classe ». Et M. Couturat, escomptant le succès de cette tentative, ajoute : « Si les logisticiens réussissent là où les autres ont échoué, M. Poincaré voudra bien se rappeler cette phrase, et faire honneur de la solution à la Logistique ».

Mais non : La Logistique existe, elle a son code qui a déjà eu quatre éditions; ou plutôt c'est ce code qui est la Logistique elle-même. M. Russell s'apprête-t-il à montrer que l'un au moins des deux raisonnements contradictoires a transgressé ce code? Pas le moins du monde, il s'apprête à changer ces lois, et à en abroger un certain nombre. S'il réussit, j'en ferai honneur à l'intuition de M. Russell et non à la Logistique péanienne qu'il aura détruite.

III

LA LIBERTÉ DE LA CONTRADICTION

J'avais opposé deux objections principales à la définition du nombre entier adoptée par les logisticiens. Que répond M. Couturat à la première de ces objections?

Que signifie en mathématiques le mot *exister*; il signifie, avais-je dit, être exempt de contradiction. C'est ce que M. Couturat conteste : « L'existence logique, dit-il, est tout autre chose que l'absence de contradiction. Elle consiste dans le fait qu'une classe n'est pas vide; dire : « Il existe des *a*, c'est, par définition, affirmer que la classe *a* n'est pas nulle ». Et, sans doute, affirmer que la classe *a* n'est pas nulle, c'est, par définition, affirmer qu'il existe des *a*. Mais l'une des deux affirmations est aussi dénuée de sens que l'autre, si elles ne signifient pas toutes deux, ou bien qu'on peut voir ou toucher des *a*, ce qui est le sens que leur donnent les physiciens ou les naturalistes, ou bien qu'on peut concevoir un *a* sans être entraîné à des contradictions, ce qui est le sens que leur donnent les logiciens et les mathématiciens.

Pour M. Couturat, ce n'est pas la non-contradiction qui prouve l'existence, c'est l'existence qui prouve la non-contradiction. Pour établir l'existence d'une classe, il faut donc établir, par un *exemple*, qu'il y a un individu appartenant à cette classe : « Mais, dira-t-on, comment démontre-t-on l'existence de cet individu? Ne faut-il pas que cette existence soit établie, pour qu'on puisse en déduire l'existence de la classe dont il fait partie? — Eh bien, non; si paradoxale que paraisse cette assertion, on ne démontre jamais l'existence d'un individu. Les individus, par cela seul qu'ils sont des individus, sont toujours considérés comme existants. On n'a jamais à exprimer qu'un individu existe, absolument parlant, mais seulement qu'il existe dans une classe. » M. Couturat trouve sa propre assertion paradoxale, il ne sera certainement pas le seul. Elle doit pourtant avoir un sens; il veut dire sans doute que l'existence d'un individu, seul au monde, et dont on n'affirme rien, ne peut entraîner de contradiction; tant qu'il sera tout seul, il est évident qu'il ne pourra gêner personne. Eh bien, soit, nous admettrons l'existence de l'individu, « absolument parlant », mais de celle-là nous n'avons que faire; il vous restera à démontrer l'existence de l'individu « dans une classe » et pour cela il vous faudra toujours prouver que l'affirmation : tel individu appartient à telle classe, n'est contradictoire ni en elle-même, ni avec les autres postulats adoptés.

« C'est donc, continue M. Couturat, émettre une exigence arbitraire et abusive que de prétendre

qu'une définition n'est valable que si l'on prouve
d'abord qu'elle n'est pas contradictoire. » On ne
saurait revendiquer en termes plus énergiques et
plus fiers la liberté de la contradiction. « En tout
cas, l'*onus probandi* incombe à ceux qui croient
que ces principes sont contradictoires. » Des postulats sont présumés compatibles jusqu'à preuve du
contraire, de même qu'un accusé est présumé
innocent.

Inutile d'ajouter que je ne souscris pas à cette
revendication. Mais, dites-vous, la démonstration
que vous exigez de nous est impossible, et vous ne
pouvez nous sommer de « prendre la lune avec les
dents ». Pardon, cela est impossible pour vous,
mais pas pour nous, qui admettons le principe d'induction comme un jugement synthétique *a priori*.
Et cela serait nécessaire pour vous, comme pour
nous.

Pour démontrer qu'un système de postulats n'implique pas contradiction, il faut appliquer le principe d'induction complète ; non seulement ce mode
de raisonnement n'a rien de « bizarre », mais c'est
le seul correct. Il n'est pas « invraisemblable »
qu'on l'ait jamais employé ; et il n'est pas difficile
d'en trouver des « exemples et des précédents ».
J'en ai cité deux dans mon article et qui étaient
empruntés à la brochure de M. Hilbert. Il n'est pas
le seul à en avoir fait usage et ceux qui ne l'ont pas
fait ont eu tort. Ce que j'ai reproché à M. Hilbert, ce

n'est pas d'y avoir eu recours (un mathématicien de race comme lui ne pouvait pas ne pas voir qu'il fallait une démonstration et que celle-là était la seule possible), mais d'y avoir eu recours sans y reconnaitre le raisonnement par récurrence.

IV

LA SECONDE OBJECTION

J'avais signalé une seconde erreur des logisticiens dans l'article de M. Hilbert ; aujourd'hui, M. Hilbert est excommunié et M. Couturat ne le regarde plus comme un logisticien ; il va donc me demander si j'ai trouvé la même faute chez les logisticiens orthodoxes. Non, je ne l'ai pas vue dans les pages que j'ai lues ; je ne sais si je la trouverais dans les trois cents pages qu'ils ont écrites et que je n'ai pas envie de lire.

Seulement, il faudra bien qu'ils la commettent le jour où ils voudront tirer de la science mathématique une application quelconque. Cette science n'a pas uniquement pour objet de contempler éternellement son propre nombril ; elle touche à la nature et un jour ou l'autre elle prendra contact avec elle ; ce jour-là, il faudra secouer les définitions purement verbales et ne plus se payer de mots.

Revenons à l'exemple de M. Hilbert ; il s'agit toujours du raisonnement par récurrence et de la question de savoir si un système de postulats n'est pas contradictoire. M. Couturat me dira sans aucun doute qu'alors cela ne le touche pas, mais cela intéressera peut-être ceux qui ne revendiquent pas comme lui la liberté de contradiction.

Nous voulons établir, comme plus haut, que nous ne rencontrerons pas de contradiction après un nombre quelconque de raisonnements, aussi grand que l'on veut, pourvu que ce nombre soit fini. Pour cela, il faut appliquer le principe d'induction. Devons-nous entendre ici, par nombre fini, tout nombre auquel par définition le principe d'induction s'applique? Évidemment non, sans quoi nous serions conduits aux conséquences les plus gênantes.

Pour que nous ayons le droit de poser un système de postulats, il faut que nous soyons assurés qu'ils ne sont pas contradictoires. C'est là une vérité qui est admise par *la plupart* des savants, j'aurais écrit *par tous* avant d'avoir lu le dernier article de M. Couturat. Mais que signifie-t-elle? Veut-elle dire : il faut que nous soyons sûrs de ne pas rencontrer de contradiction après un nombre *fini* de propositions, le nombre *fini* étant par définition celui qui jouit de toutes les propriétés de nature récurrente, de telle façon que si une de ces propriétés faisait défaut, si, par exemple, nous tombions sur une contradiction, nous *conviendrons* de dire que le nombre en question n'est pas fini?

En d'autres termes, voulons-nous dire : il faut que

nous soyons sûrs de ne pas rencontrer de contradiction, à la condition de convenir de nous arrêter juste au moment où nous serions sur le point d'en rencontrer une? Il suffit d'énoncer une pareille proposition pour la condamner.

Ainsi, non seulement le raisonnement de M. Hilbert suppose le principe d'induction, mais il suppose que ce principe nous est donné, non comme une simple définition, mais comme un jugement synthétique *a priori*.

En résumé :

Une démonstration est nécessaire.

La seule démonstration possible est la démonstration par récurrence.

Elle n'est légitime que si on admet le principe d'induction et si on le regarde, non comme une définition, mais comme un jugement synthétique.

V

LES ANTINOMIES CANTORIENNES

Je vais maintenant aborder l'examen du nouveau mémoire de M. Russell. Ce mémoire a été écrit en vue de triompher des difficultés soulevées par ces *antinomies cantoriennes* auxquelles nous avons fait déjà de fréquentes allusions. Cantor avait cru pouvoir constituer une Science de l'Infini; d'autres se sont avancés dans la voie qu'il avait ouverte, mais

ils se sont bientôt heurtés à d'étranges contradictions. Ces antinomies sont déjà nombreuses, mais les
plus célèbres sont :

1° L'antinomie Burali-Forti ;
2° L'antinomie Zermelo-König ;
3° L'antinomie Richard.

Cantor avait démontré que les nombres ordinaux
(il s'agit des nombres ordinaux transfinis, notion
nouvelle introduite par lui) peuvent être rangés en
une série linéaire, c'est-à-dire que de deux nombres
ordinaux inégaux, il y en a toujours un qui est plus
petit que l'autre. Burali-Forti démontre le contraire ;
et, en effet, dit-il en substance, si l'on pouvait ranger
tous les nombres ordinaux en une série linéaire,
cette série définirait un nombre ordinal qui serait
plus grand que *tous* les autres ; on pourrait ensuite
y ajouter 1 et on obtiendrait encore un nombre
ordinal qui serait *encore* plus grand, et cela est contradictoire.

Nous reviendrons plus loin sur l'antinomie Zermelo-König qui est d'une nature un peu différente ;
voici ce que c'est que l'antinomie Richard (*Revue
générale des Sciences*, 30 juin 1905). Considérons
tous les nombres décimaux qu'on peut définir à
l'aide d'un nombre fini de mots ; ces nombres décimaux forment un ensemble E, et il est aisé de voir
que cet ensemble est dénombrable, c'est-à-dire qu'on
peut *numéroter* les divers nombres décimaux de
cet ensemble depuis 1 jusqu'à l'infini. Supposons le

numérotage effectué, et définissons un nombre N de la façon suivante. Si la n^e décimale du n^e nombre de l'ensemble E est :

$$0, 1, 2, 3, 4, 5, 6, 7, 8, 9$$

la n^e décimale de N sera :

$$1, 2, 3, 4, 5, 6, 7, 8, 1, 1$$

Comme on le voit, N n'est pas égal au n^e nombre de E et comme n est quelconque, N n'appartient pas à E et pourtant N devrait appartenir à cet ensemble puisque nous l'avons défini avec un nombre fini de mots.

Nous verrons plus loin que M. Richard a donné lui-même, avec beaucoup de sagacité, l'explication de son paradoxe et que son explication peut s'étendre, *mutatis mutandis*, aux autres paradoxes analogues. M. Russell cite encore une autre antinomie assez amusante.

Quel est le plus petit nombre entier que l'on ne peut pas définir par une phrase formée de moins de cent mots français?

Ce nombre existe; et en effet les nombres susceptibles d'être définis par une pareille phrase sont évidemment en nombre fini puisque les mots de la langue française ne sont pas en nombre infini. Donc, parmi eux, il y en aura un qui sera plus petit que tous les autres.

Et, d'autre part, ce nombre n'existe pas, car sa définition implique contradiction. Ce nombre en effet se trouve défini par la phrase en italiques qui est formée de moins de cent mots français ; et par définition ce nombre ne doit pas pouvoir être défini par une semblable phrase.

VI

ZIGZAG-THEORY ET NOICLASS-THEORY

Quelle est l'attitude de M. Russell en présence de ces contradictions ? Après avoir analysé celles dont nous venons de parler et en avoir cité d'autres encore, après leur avoir donné une forme qui fait penser à l'Épiménide, il n'hésite pas à conclure :

« A propositional function of one variable does not always determine a class. » Une fonction propositionnelle (c'est-à-dire une définition) ne détermine pas toujours une classe. Une « propositional function » ou « norm » peut être « non prédicative ». Et cela ne veut pas dire que ces propositions non prédicatives déterminent une classe vide, une classe nulle ; cela ne veut pas dire qu'il n'y a aucune valeur de x qui satisfasse à la définition et qui puisse être l'un des éléments de la classe. Les éléments existent, mais ils n'ont pas le droit de se syndiquer pour former une classe.

Mais cela n'est que le commencement et il faut

savoir reconnaître si une définition est ou non prédicative; pour résoudre ce problème, M. Russell
hésite entre trois théories qu'il appelle :

> A. The zigzag theory;
> B. The theory of limitation of size;
> C. The no classes theory.

D'après la zigzag theory : « les définitions (fonctions propositionnelles) déterminent une classe
quand elles sont très simples et ne cessent de le
faire que quand elles sont compliquées et obscures ».
Qui décidera maintenant si une définition peut être
regardée comme suffisamment simple pour être
acceptable? A cette question pas de réponse, sinon
l'aveu loyal d'une complète impuissance : « les
règles qui permettraient de reconnaître si ces définitions sont prédicatives seraient extrèmement compliquées et ne peuvent se recommander par aucune
raison plausible. C'est un défaut auquel on pourrait
remédier par plus d'ingéniosité ou en se servant
de distinctions non encore signalées. Mais jusqu'ici,
en cherchant ces règles, je n'ai pu trouver d'autre
principe directeur que l'absence de contradiction. »

Cette théorie reste donc bien obscure; dans cette
nuit, une seule lueur; c'est le mot zigzag. Ce que
M. Russell appelle la « *zigzag-giness* », c'est sans
doute ce caractère particulier qui distingue l'argument d'Épiménide.

D'après la theory of limitation of size, une classe cesserait d'avoir droit à l'existence si elle était trop étendue. Peut-être pourrait-elle être infinie, mais il ne faudrait pas qu'elle le fût trop.

Mais nous retrouvons toujours la même difficulté; à quel moment précis commencera-t-elle à l'être trop? Bien entendu, cette difficulté n'est pas résolue et M. Russell passe à la troisième théorie.

Dans la no classes theory, il est interdit de prononcer le mot *classe* et on doit remplacer ce mot par des périphrases variées. Quel changement pour les logisticiens qui ne parlent que de classes et de classes de classes! Il va falloir refaire toute la Logistique. Se figure-t-on quel sera l'aspect d'une page de Logistique quand on en aura supprimé toutes les propositions où il est question de classe? Il n'y aura plus que quelques survivantes éparses au milieu d'une page blanche. *Apparent rari nantes in gurgite vasto.*

Quoi qu'il en soit, on voit quelles sont les hésitations de M. Russell, les modifications qu'il va faire subir aux principes fondamentaux qu'il a adoptés jusqu'ici. Il va falloir des critères pour décider si une définition est trop compliquée ou trop étendue, et ces critères ne pourront être justifiés que par un appel à l'intuition.

C'est vers la no classes theory que M. Russel incline finalement.

Quoi qu'il en soit, la Logistique est à refaire et

l'on ne sait trop ce qu'on en pourra sauver. Inutile d'ajouter que le Cantorisme et la Logistique sont seuls en cause; les vraies mathématiques, celles qui servent à quelque chose, pourront continuer à se développer d'après leurs principes propres sans se préoccuper des orages qui sévissent en dehors d'elles, et elles poursuivront pas à pas leurs conquêtes accoutumées qui sont définitives et qu'elles n'ont jamais à abandonner.

VII

LA VRAIE SOLUTION

Quel choix devons-nous faire entre ces différentes théories? Il me semble que la solution est contenue dans une lettre de M. Richard dont j'ai parlé plus haut et qu'on trouvera dans la *Revue Générale des Sciences* du 30 juin 1905. Après avoir exposé l'antinomie que nous avons appelée l'antinomie Richard, il en donne l'explication.

Reportons-nous à ce que nous avons dit de cette antinomie au § VII; E est l'ensemble de *tous* les nombres que l'on peut définir par un nombre fini de mots, *sans introduire la notion de l'ensemble* E *lui-même*. Sans quoi la définition de E contiendrait un cercle vicieux; on ne peut pas définir E par l'ensemble E lui-même.

Or, nous avons défini N, avec un nombre fini de

mots, il est vrai, mais en nous appuyant sur la notion de l'ensemble E. Et voilà pourquoi N ne fait pas partie de E.

Dans l'exemple choisi par M. Richard, la conclusion se présente avec une entière évidence et l'évidence paraîtra encore plus grande quand on se reportera au texte même de sa lettre. Mais la même explication vaut pour les autres antinomies ainsi qu'il est aisé de le vérifier.

Ainsi *les définitions qui doivent être regardées comme non prédicatives sont celles qui contiennent un cercle vicieux*. Et les exemples qui précèdent montrent suffisamment ce que j'entends par là. Est-ce là ce que M. Russell appelle la zigzag-giness ? » Je pose la question sans la résoudre.

VIII

LES DÉMONSTRATIONS DU PRINCIPE D'INDUCTION

Examinons maintenant les prétendues démonstrations du principe d'induction et en particulier celles de M. Whitehead et celle de M. Burali-Forti.

Parlons d'abord de celle de Whitehead, et profitons de quelques dénominations nouvelles heureusement introduites par M. Russell dans son récent mémoire.

Appelons *classe récurrente* toute classe de nombres qui contient zéro, et qui contient $n + 1$ si elle contient n.

Appelons *nombre inductif* tout nombre qui fait partie de *toutes* les classes récurrentes.

A quelle condition cette dernière définition qui joue un rôle essentiel dans la démonstration de Whitehead sera-t-elle « prédicative » et par conséquent acceptable?

Il faut entendre, d'après ce qui précède, par *toutes* les classes récurrentes, toutes celles dans la définition desquelles n'entre pas la notion de nombre inductif.

Sans cela on retombe sur le cercle vicieux qui a engendré les antinomies.

Or *Whitehead n'a pas pris cette précaution.*

Le raisonnement de Whitehead est donc vicieux; c'est le même qui a conduit aux antinomies; il était illégitime quand il donnait des résultats faux; il reste illégitime quand il conduit par hasard à un résultat vrai.

Une définition qui contient un cercle vicieux ne définit rien. Il ne sert à rien de dire, nous sommes sûrs, quelque sens que nous donnions à notre définition, qu'il y a au moins zéro qui appartient à la classe des nombres inductifs; il ne s'agit pas de savoir si cette classe est vide, mais si l'on peut rigoureusement la délimiter. Une classe « non prédicative » ce n'est pas une classe vide, c'est une classe dont la frontière est indécise.

Inutile d'ajouter que cette objection particulière laisse subsister les objections générales qui s'appliquent à toutes les démonstrations.

X

M. Burali-Forti a donné une autre démonstration dans son article Le Classi finite (*Atti di Torino*, t. XXXII). Mais il est obligé d'admettre deux postulats :

Le premier, c'est qu'il existe toujours au moins une classe infinie.

Le second s'énonce ainsi :

$$u \, \varepsilon \, \mathrm{K} \, (\mathrm{K} - \iota_{\mathrm{A}}) . \, \mathfrak{I} . \, u < \mathfrak{I}'u.$$

Le premier postulat n'est pas plus évident que le principe à démontrer; le second non seulement n'est pas évident, mais il est faux; comme l'a montré M. Whitehead, comme d'ailleurs le moindre taupin s'en serait aperçu du premier coup, si l'axiome avait été énoncé dans un langage intelligible, puisqu'il signifie : le nombre des combinaisons qu'on peut former avec plusieurs objets est plus petit que le nombre de ces objets.

XI

L'AXIOME DE ZERMELO

Dans une démonstration célèbre, M. Zermelo s'appuie sur l'axiome suivant :

Dans un ensemble quelconque (ou même dans chacun des ensembles d'un ensemble d'ensembles) nous pouvons toujours choisir *au hasard* un élément (quand même cet ensemble d'ensembles comprendrait une infinité d'ensembles). On avait appliqué mille fois cet axiome sans l'énoncer, mais dès qu'il fut énoncé, il souleva des doutes. Quelques mathématiciens, comme M. Borel, le rejetèrent résolument; d'autres l'admirent. Voyons ce qu'en pense M. Russell, d'après son dernier article.

Il ne se prononce pas, mais les considérations auxquelles il se livre sont très suggestives.

Et d'abord un exemple pittoresque; supposons que nous ayons autant de paires de bottes qu'il y a de nombres entiers, de telle façon que nous puissions numéroter *les paires* depuis 1 jusqu'à l'infini, combien aurons-nous de bottes? le nombre des bottes serait-il égal au nombre des paires. Oui, si dans chaque paire, la botte droite se distingue de la botte gauche; il suffira en effet de donner le numéro $2n - 1$ à la botte droite de la n^e paire et le numéro $2n$ à la botte gauche de la n^e paire. Non, si la botte droite est pareille à la botte gauche, parce qu'une pareille opération deviendra impossible. A moins que l'on n'admette l'axiome de Zermelo, parce qu'alors on pourra choisir *au hasard* dans chaque paire la botte que l'on regardera comme droite.

XII

CONCLUSIONS

Une démonstration vraiment fondée sur les principes de la Logique Analytique se composera d'une suite de propositions; les unes, qui serviront de prémisses, seront des identités ou des définitions; les autres se déduiront des premières, de proche en proche; mais bien que le lien entre chaque proposition et la suivante s'aperçoive immédiatement, on ne verra pas du premier coup comment on a pu passer de la première à la dernière, que l'on pourra être tenté de regarder comme une vérité nouvelle. Mais si l'on remplace successivement les diverses expressions qui y figurent par leur définition et si l'on poursuit cette opération aussi loin qu'on le peut, il ne restera plus à la fin que des identités, de sorte que tout se réduira à une immense tautologie. La Logique reste donc stérile, à moins d'être fécondée par l'intuition.

Voilà ce que j'ai écrit autrefois; les logisticiens professent le contraire et croient l'avoir prouvé en démontrant effectivement des vérités nouvelles. Par quel mécanisme ?

Pourquoi, en appliquant à leurs raisonnements le procédé que je viens de décrire, c'est-à-dire en remplaçant les termes définis par leurs définitions, ne les voit-on pas se fondre en identités comme les raisonnements ordinaires? C'est que ce procédé ne leur est pas applicable. Et pourquoi? parce que leurs définitions sont non prédicatives et présentent cette sorte de cercle vicieux caché que j'ai signalé plus haut; les définitions non prédicatives ne peuvent pas être substituées au terme défini. Dans ces conditions, *la Logistique n'est plus stérile, elle engendre l'antinomie.*

C'est la croyance à l'existence de l'infini actuel qui a donné naissance à ces définitions non prédicatives. Je m'explique : dans ces définitions figure le mot *tous*, ainsi qu'on le voit dans les exemples cités plus haut. Le mot *tous* a un sens bien net quand il s'agit d'un nombre fini d'objets; pour qu'il y en eût encore un, quand les objets sont en nombre infini, il faudrait qu'il y eût un infini actuel. Autrement *tous* ces objets ne pourront pas être conçus comme posés antérieurement à leur définition et alors si la définition d'une notion N dépend de *tous* les objets A, elle peut être entachée de cercle vicieux, si parmi les objets A il y en a qu'on ne peut définir sans faire intervenir la notion N elle-même.

Les règles de la logique formelle expriment simplement les propriétés de toutes les classifications possibles. Mais pour qu'elles soient applicables, il faut que ces classifications soient immuables et qu'on n'ait pas à les modifier dans le cours du raisonnement. Si l'on n'a à classer qu'un nombre fini d'objets, il est facile de conserver ces classifications sans changement. Si les objets sont en nombre *indéfini*, c'est-à-dire si l'on est sans cesse exposé à voir surgir des objets nouveaux et imprévus, il peut arriver que l'apparition d'un objet nouveau oblige à modifier la classification, et c'est ainsi qu'on est exposé aux antinomies.

Il n'y a pas d'infini actuel; les Cantoriens l'ont oublié, et ils sont tombés dans la contradiction. Il est vrai que le Cantorisme a rendu des services, mais c'était quand on l'appliquait à un vrai problème, dont les termes étaient nettement définis, et alors on pouvait marcher sans crainte.

Les logisticiens l'ont oublié comme les Cantoriens et ils ont rencontré les mêmes difficultés. Mais il s'agit de savoir s'ils se sont engagés dans cette voie par accident ou si c'était pour eux une nécessité.

Pour moi, la question n'est pas douteuse; la croyance à l'infini actuel est essentielle dans la logistique russelienne. C'est justement ce qui la distingue de la logistique hilbertienne. Hilbert se place au point de vue de l'extension, précisément afin d'éviter les antinomies cantoriennes; Russell se place au point de vue de la compréhension. Par conséquent le genre est pour lui antérieur à l'espèce, et le *summum genus* est antérieur à tout. Cela n'aurait pas d'inconvénient si le *summum genus* était fini; mais s'il est infini, il faut poser l'infini avant le fini, c'est-à-dire regarder l'infini comme actuel.

Et nous n'avons pas seulement des classes infinies; quand nous passons du genre à l'espèce en restreignant le concept par des conditions nouvelles, ces conditions sont encore en nombre infini. Car elles expriment généralement que l'objet envisagé présente telle ou telle relation avec tous les objets d'une classe infinie.

Mais cela, c'est de l'histoire ancienne. M. Russell a aperçu le péril et il va aviser. Il va tout changer; et qu'on s'entende bien : il ne s'apprête pas seulement à introduire de nouveaux principes qui permettront des opérations autrefois interdites ; il s'apprête à interdire des opérations qu'il jugeait autrefois légitimes. Il ne se contente pas d'adorer ce qu'il a brûlé; il va brûler ce qu'il a adoré, ce qui est plus grave. Il n'ajoute pas une nouvelle aile au bâtiment, il en sape les fondations.

L'ancienne Logistique est morte, si bien que la zigzag-theory et la no classes theory se disputent déjà sa succession. Pour juger la nouvelle, nous attendrons qu'elle existe.

LIVRE III
LA MÉCANIQUE NOUVELLE

CHAPITRE I

La Mécanique et le Radium.

I

INTRODUCTION

Les principes généraux de la Dynamique qui ont, depuis Newton, servi de fondement à la Science physique et qui paraissaient inébranlables, sont-ils sur le point d'être abandonnés ou tout au moins d'être profondément modifiés? C'est ce que bien des personnes se demandent depuis quelques années. La découverte du radium aurait, d'après elles, renversé les dogmes scientifiques que l'on croyait les plus solides: d'une part, l'impossibilité de la transmutation des métaux ; d'autre part, les postulats fondamentaux de la Mécanique. Peut-être s'est-on trop hâté de considérer ces nouveautés comme définitivement établies et de briser nos idoles d'hier ; peut-être conviendrait-il, avant de prendre parti, d'attendre des expériences plus nombreuses et plus probantes. Il n'en est pas moins nécessaire, dès aujourd'hui, de connaître les doctrines nouvelles et les arguments, déjà très sérieux, sur lesquels elles s'appuient.

Rappelons d'abord en quelques mots en quoi consistent ces principes :

A. Le mouvement d'un point matériel isolé et soustrait à toute force extérieure est rectiligne et uniforme ; c'est le principe d'inertie : pas d'accélération sans force.

B. L'accélération d'un point mobile a même direction que la résultante de toutes les forces auxquelles ce point est soumis ; elle est égale au quotient de cette résultante par un coefficient appelé *masse* du point mobile.

La masse d'un point mobile, ainsi définie, est une constante ; elle ne dépend pas de la vitesse acquise par ce point ; elle est la même si la force, étant parallèle à cette vitesse, tend seulement à accélérer ou à retarder le mouvement du point, ou si, au contraire, étant perpendiculaire à cette vitesse, elle tend à faire dévier ce mouvement vers la droite, ou la gauche, c'est-à-dire à *courber* la trajectoire.

C. Toutes les forces subies par un point matériel proviennent de l'action d'autres points matériels ;

elles ne dépendent que des positions et des vitesses *relatives* de ces différents points matériels.

En combinant les deux principes B et C, on arrive au *principe du mouvement relatif*, en vertu duquel les lois du mouvement d'un système sont les mêmes soit que l'on rapporte ce système à des axes fixes, soit qu'on le rapporte à des axes mobiles animés d'un mouvement de translation rectiligne et uniforme, de sorte qu'il est impossible de distinguer le mouvement absolu d'un mouvement relatif par rapport à de pareils axes mobiles.

D. Si un point matériel A agit sur un autre point matériel B, le corps B réagit sur A, et ces deux actions sont deux forces égales et directement opposées. C'est *le principe de l'égalité de l'action et de la réaction*, ou, plus brièvement, le *principe de la réaction*.

Les observations astronomiques, les phénomènes physiques les plus habituels, semblent avoir apporté à ces principes une confirmation complète, constante et très précise. C'est vrai, dit-on maintenant, mais c'est parce qu'on n'a jamais opéré qu'avec de faibles vitesses; Mercure, par exemple, qui est la planète la plus rapide, ne fait guère que 100 kilomètres par seconde. Cet astre se comporterait-il de la même manière, s'il allait mille fois plus vite? On voit qu'il n'y a pas encore lieu de s'inquiéter; quels que puissent être les progrès de l'automobilisme, il s'écoulera encore longtemps avant qu'on doive renoncer à appliquer à nos machines les principes classiques de la Dynamique.

Comment donc est-on parvenu à réaliser des vitesses mille fois plus grandes que celle de Mercure, égales, par exemple, au dixième et au tiers de la vitesse de la lumière, ou se rapprochant plus encore de cette vitesse? C'est à l'aide des rayons cathodiques et des rayons du radium.

On sait que le radium émet trois sortes de rayons, que l'on désigne par les trois lettres grecques α, β, γ; dans ce qui va suivre, sauf mention expresse du contraire, il s'agira toujours des rayons β, qui sont analogues aux rayons cathodiques.

Après la découverte des rayons cathodiques, deux théories se trouvèrent en présence: Crookes attribuait les phénomènes à un véritable bombardement moléculaire; Hertz, à des ondulations particulières de l'éther. C'était un renouvellement du débat qui avait divisé les physiciens il y a un siècle à propos de la lumière; Crookes reprenait la théorie de l'émission, abandonnée pour la lumière; Hertz tenait pour la théorie ondulatoire. Les faits semblent donner raison à Crookes.

On a reconnu, en premier lieu, que les rayons cathodiques transportent avec eux une charge électrique négative; ils sont déviés par un champ magnétique et par un champ électrique; et ces déviations sont précisément celles que produiraient ces mêmes champs sur des projectiles animés d'une très grande vitesse et fortement chargés d'électricité. Ces deux déviations dépendent de deux quantités : la vitesse, d'une part, et le rapport de la charge électrique du projectile à sa masse, d'autre part : on ne peut connaître la valeur absolue de cette masse, ni celle de la charge, mais seulement leur rapport ; il est clair, en effet, que, si l'on double à la fois la charge et la masse, sans changer la vitesse, on doublera la force qui tend à dévier le projectile ; mais, comme sa masse est également doublée, l'accélération et la déviation observables ne seront pas changées. L'observation des deux déviations nous fournira donc deux équations pour déterminer ces deux inconnues. On trouve une vitesse de 10 000 à 30 000 kilomètres par seconde ; quant au rapport de la charge à la masse, il est très grand. On peut le comparer au rapport correspondant en ce qui concerne l'ion hydrogène dans l'électrolyse ; on trouve alors qu'un projectile cathodique transporte environ mille fois plus d'électricité que n'en transporterait une masse égale d'hydrogène dans un électrolyte.

Pour confirmer ces vues, il faudrait une mesure directe de cette vitesse que l'on comparerait avec la vitesse ainsi calculée. Des expériences anciennes de J.-J. Thomson avaient donné des résultats plus de cent fois trop faibles ; mais elles étaient sujettes à certaines causes d'erreur. La question a été reprise par Wiechert dans un dispositif où l'on utilise les oscillations hertziennes ; on a trouvé des résultats concordant avec la théorie, au moins comme ordre de grandeur ; il y aurait un grand intérêt à reprendre ces expériences. Quoi qu'il en soit, la théorie des ondulations paraît impuissante à rendre compte de cet ensemble de faits.

Les mêmes calculs, faits sur les rayons β du radium, ont donné des vitesses encore plus considérables : 100 000, 200 000 kilomètres ou plus encore. Ces vitesses dépassent de beaucoup toutes celles que nous connaissions. La lumière, il est vrai, on le sait depuis longtemps, fait 300 000 kilomètres par seconde ; mais elle n'est pas un transport de matière, tandis que, si l'on adopte la théorie de l'émission pour les rayons cathodiques, il y aurait des molécules matérielles réellement animées des vitesses en question, et il convient de rechercher si les lois ordinaires de la Mécanique leur sont encore applicables.

II

MASSE LONGITUDINALE ET MASSE TRANSVERSALE

On sait que les courants électriques donnent lieu aux phénomènes d'induction, en particulier à la *self-induction*. Quand un courant croît, il se développe une force électromotrice de self-induction qui tend à s'opposer au courant ; au contraire, quand le courant décroît, la force électromotrice de self-induction tend à maintenir le courant. La self-induction s'oppose donc à toute variation de l'intensité du courant, de même qu'en Mécanique, l'inertie d'un corps s'oppose à toute variation de sa vitesse. *La self-induction est une véritable inertie.* Tout se passe comme si le courant ne pouvait s'établir sans mettre en mouvement l'éther environnant et comme si l'inertie de cet éther tendait, en conséquence, à maintenir constante l'intensité de ce courant. Il faudrait vaincre cette inertie pour établir le courant, il faudrait la vaincre encore pour le faire cesser.

Un rayon cathodique, qui est une pluie de projectiles chargés d'électricité négative, peut être assimilé à un courant ; sans doute, ce courant diffère, au premier abord tout au moins, des courants de conduction ordinaire, où la matière est immobile et où l'électricité circule à travers la matière. C'est un *courant de convection*, où l'électricité, attachée à un véhicule matériel, est emportée par le mouvement de ce véhicule. Mais Rowland a démontré que les courants de convection produisent les mêmes effets magnétiques que les courants de conduction ; ils doivent produire aussi les mêmes effets d'induction. D'abord, s'il n'en était pas ainsi, le principe de la conservation de l'énergie serait violé ; d'ailleurs, Crémieu et Pender ont employé une méthode où l'on mettait en évidence *directement* ces effets d'induction.

Si la vitesse d'un corpuscule cathodique vient à varier, l'intensité du courant correspondant variera également ; et il se développera des effets de self-induction qui tendront à s'opposer à cette variation. Ces corpuscules doivent donc posséder une double inertie : leur inertie propre d'abord, et l'inertie apparente, due à la self-induction qui produit les mêmes effets. Ils auront donc une masse totale apparente, composée de leur masse réelle et d'une masse fictive d'origine électromagnétique. Le calcul montre que cette masse fictive varie avec la vitesse, et que la force d'inertie de self-induction n'est pas la même quand la vitesse du projectile s'accélère ou se ralentit, ou bien quand elle est déviée ; il en est donc de même de la force d'inertie apparente totale.

La masse totale apparente n'est donc pas la même quand la force réelle appliquée au corpuscule est parallèle à sa vitesse et tend à accélérer le mouvement ou bien quand elle est perpendiculaire à cette vitesse et tend à en faire varier la direction. Il faut donc distinguer la *masse totale longitudinale* et la *masse totale transversale*. Ces deux masses totales dépendent, d'ailleurs, de la vitesse. Voilà ce qui résulte des travaux théoriques d'Abraham.

Dans les mesures dont nous parlions au chapitre précédent, qu'est-ce qu'on détermine en mesurant les deux déviations ? C'est la vitesse d'une part, et d'autre part le rapport de la charge à la *masse transversale totale*. Comment, dans ces conditions, faire, dans cette masse totale, la part de la masse réelle et celle de la masse fictive électromagnétique ? Si l'on n'avait que les rayons cathodiques proprement dits, il n'y faudrait pas songer ; mais, heureusement, on a les rayons du radium qui, nous l'avons vu, sont notablement plus rapides. Ces rayons ne sont pas tous identiques et ne se comportent pas de la même manière sous l'action d'un champ électrique et magnétique. On trouve que la déviation électrique est fonction de la déviation magnétique, et l'on peut, en recevant sur une plaque sensible des rayons du radium qui ont subi l'action des deux champs, photographier la courbe qui représente la relation entre ces deux déviations. C'est ce qu'a fait Kaufmann, qui en a déduit la relation entre la vitesse et le rapport de la charge à la masse apparente totale, rapport que nous appellerons ε.

On pourrait supposer qu'il existe plusieurs espèces de rayons, caractérisés chacun par une vitesse déterminée, par une charge déterminée et par une masse déterminée. Mais cette hypothèse est peu vraisemblable ; pour quelle raison, en effet, tous les corpuscules de même masse prendraient-ils toujours la même vitesse ? Il est plus naturel de supposer que la charge ainsi que la masse *réelle* sont les mêmes pour tous les projectiles, et que ceux-ci ne diffèrent que par leur vitesse. Si le rapport ε est fonction de la vitesse, ce n'est pas parce que la masse réelle varie avec cette vitesse ; mais, comme la masse fictive électromagnétique dépend de cette vitesse, la masse totale apparente, seule observable, doit en dépendre, bien que la masse réelle n'en dépende pas et soit constante.

Les calculs d'Abraham nous font connaître la loi suivant laquelle la masse *fictive* varie en fonction de la vitesse ; l'expérience de Kaufmann nous fait connaître la loi de variation de la masse *totale*. La comparaison de ces deux lois nous permettra donc de déterminer le rapport de la masse *réelle* à la masse totale.

Telle est la méthode dont s'est servi Kaufmann pour déterminer ce rapport. Le résultat est bien surprenant : *la masse réelle est nulle.*

On s'est trouvé ainsi conduit à des conceptions tout à fait inattendues. On a étendu à tous les corps ce qu'on n'avait démontré que pour les corpuscules cathodiques. Ce que nous appelons masse ne serait qu'une apparence ; toute inertie serait d'origine électromagnétique. Mais alors la masse ne serait plus constante, elle augmenterait avec la vitesse ; sensiblement constante pour des vitesses pouvant aller jusqu'à 1000 kilomètres par seconde, elle croîtrait ensuite et deviendrait infinie pour la vitesse de la lumière. La masse transversale ne serait plus égale à la masse longitudinale : elles seraient seulement à peu près égales si la vitesse n'est pas trop grande. Le principe B de la Mécanique ne serait plus vrai.

III

LES RAYONS CANAUX

Au point où nous en sommes, cette conclusion peut sembler prématurée. Peut-on appliquer à la matière tout entière ce qui n'a été établi que pour ces corpuscules si légers qui ne sont qu'une émanation de la matière et peut-être pas de la vraie matière? Mais, avant d'aborder cette question, il est nécessaire de dire un mot d'une autre sorte de rayons. Je veux parler des *rayons canaux*, les *Kanalstrahlen* de Goldstein. La cathode, en même temps que les rayons cathodiques chargés d'électricité négative, émet des rayons canaux chargés d'électricité positive. En général, ces rayons canaux n'étant pas repoussés par la cathode, restent confinés dans le voisinage immédiat de cette cathode, où ils constituent la « couche chamois », qu'il n'est pas très aisé d'apercevoir; mais, si la cathode est percée de trous, et si elle obstrue presque complètement le tube, les rayons canaux vont se propager *en arrière* de la cathode, dans le sens opposé à celui des rayons cathodiques, et il deviendra possible de les étudier. C'est ainsi qu'on a pu mettre en évidence leur charge positive et montrer que les déviations magnétiques et électriques existent encore, comme pour les rayons cathodiques, mais sont beaucoup plus faibles.

Le radium émet également des rayons analogues aux rayons canaux, et relativement très absorbables, que l'on appelle les rayons α.

On peut, comme pour les rayons cathodiques, mesurer les deux déviations et en déduire la vitesse et le rapport ε. Les résultats sont moins constants que pour les rayons cathodiques, mais la vitesse est plus faible ainsi que le rapport ε; les corpuscules positifs sont moins chargés que les corpuscules négatifs; ou si, ce qui est plus naturel, on suppose que les charges sont égales et de signe contraire, les corpuscules positifs sont beaucoup plus gros. Ces corpuscules, chargés les uns positivement, les autres négativement, ont reçu le nom d'*électrons*.

IV

LA THÉORIE DE LORENTZ

Mais les électrons ne manifestent pas seulement leur existence dans ces rayons où ils nous apparaissent animés de vitesses énormes. Nous allons les voir dans des rôles bien différents, et ce sont eux qui nous rendront compte des principaux phénomènes de l'Optique et de l'Électricité. La brillante synthèse dont nous allons dire un mot est due à Lorentz.

La matière est tout entière formée d'électrons portant des charges énormes, et, si elle nous semble neutre, c'est que les charges de signe contraire de ces électrons se compensent. On peut se représenter, par exemple, une sorte de système solaire formé d'un gros électron positif, autour duquel graviteraient de nombreuses petites planètes qui seraient des électrons négatifs, attirés par l'électricité de nom contraire qui charge l'électron central. Les charges négatives de ces planètes compenseraient la charge positive de ce Soleil, de sorte que la somme algébrique de toutes ces charges serait nulle.

Tous ces électrons baigneraient dans l'éther. L'éther serait partout identique à lui-même, et les perturbations s'y propageraient suivant les mêmes lois que la lumière ou les oscillations hertziennes *dans le vide*. En dehors des électrons et de l'éther, il n'y aurait rien. Quand une onde lumineuse pénétrerait dans une partie de l'éther, où les électrons seraient nombreux, ces électrons se mettraient en mouvement sous l'influence de la perturbation de l'éther, et ils réagiraient ensuite sur l'éther. C'est ainsi que s'expliqueraient la réfraction, la dispersion, la double réfraction et l'absorption. De même, si un électron se mettait en mouvement pour une cause quelconque, il troublerait l'éther autour de lui et donnerait naissance à des ondes lumineuses, ce qui expliquerait l'émission de la lumière par les corps incandescents.

Dans certains corps, les métaux, par exemple, nous aurions des électrons immobiles, entre lesquels circuleraient des électrons mobiles jouissant d'une entière liberté, sauf celle de sortir du corps métallique et de franchir la surface qui le sépare du vide extérieur ou de l'air, ou de tout autre corps non métallique. Ces électrons mobiles se comportent alors, à l'intérieur du corps métallique, comme le font, d'après la théorie cinétique des gaz, les molécules d'un gaz à l'intérieur du vase où ce gaz est renfermé. Mais, sous l'influence d'une différence de potentiel, les électrons mobiles négatifs tendraient à aller tous d'un côté, et les électrons mobiles positifs de l'autre. C'est ce qui produirait les courants électriques, et *c'est pour cela que ces corps seraient conducteurs*. D'autre part, les vitesses de nos électrons seraient d'autant plus grandes que la température serait plus élevée, si nous acceptons l'assimilation avec la théorie cinétique des gaz. Quand un de ces électrons mobiles rencontrerait la surface du corps métallique, surface qu'il ne peut franchir, il se réfléchirait comme une bille de billard qui a touché la bande, et sa vitesse subirait un brusque changement de direction. Mais, quand un électron change de direction, ainsi que nous le verrons plus loin, il devient la source d'une onde lumineuse, et c'est pour cela que les métaux chauds sont incandescents.

Dans d'autres corps, les diélectriques et les corps

transparents, les électrons mobiles jouissent d'une liberté beaucoup moins grande. Ils restent comme attachés à des électrons fixes qui les attirent. Plus ils s'en éloignent, plus cette attraction devient grande et tend à les ramener en arrière. Ils ne peuvent donc subir que de petits écarts; ils ne peuvent plus circuler, mais seulement osciller autour de leur position moyenne. C'est pour cette raison que ces corps ne seraient pas conducteurs; ils seraient, d'ailleurs, le plus souvent transparents, et ils seraient réfringents, parce que les vibrations lumineuses se communiqueraient aux électrons mobiles, susceptibles d'oscillation, et qu'il en résulterait une perturbation.

Je ne puis donner ici le détail des calculs; je me bornerai à dire que cette théorie rend compte de tous les faits connus, et qu'elle en a fait prévoir de nouveaux, tels que le phénomène de Zeeman.

V

CONSÉQUENCES MÉCANIQUES

Maintenant, nous pouvons envisager deux hypothèses :

1° Les électrons positifs possèdent une masse réelle, beaucoup plus grande que leur masse fictive électromagnétique; les électrons négatifs sont seuls dépourvus de masse réelle. On pourrait même supposer qu'en dehors des électrons des deux signes, il y a des atomes neutres qui n'ont plus d'autre masse que leur masse réelle. Dans ce cas, la Mécanique n'est pas atteinte ; nous n'avons pas besoin de toucher à ses lois ; la masse réelle est constante ; seulement, les mouvements sont troublés par les effets de self-induction, ce qu'on a toujours su ; ces perturbations sont, d'ailleurs, à peu près négligeables, sauf pour les électrons négatifs, qui, n'ayant pas de masse réelle, ne sont pas de la vraie matière ;

2° Mais il y a un autre point de vue ; on peut supposer qu'il n'y a pas d'atome neutre et que les électrons positifs sont dépourvus de masse réelle au même titre que les électrons négatifs. Mais alors, la masse réelle s'évanouissant, ou bien le mot *masse* n'aura plus aucun sens, ou bien il faudra qu'il désigne la masse fictive électromagnétique ; dans ce cas, la masse ne sera plus constante, la *masse* transversale ne sera plus égale à la masse longitudinale, les principes de la Mécanique seront renversés.

Un mot d'explication d'abord. Nous avons dit que, pour une même charge, la masse *totale* d'un électron positif est beaucoup plus grande que celle d'un électron négatif. Et alors il est naturel de penser que cette différence s'explique, parce que l'électron positif a, outre sa masse fictive, une masse réelle considérable ; ce qui nous ramènerait à la première hypothèse. Mais on peut admettre également que la masse réelle est nulle pour les uns comme pour les autres, mais que la masse fictive de l'électron positif est beaucoup plus grande, parce que cet électron est beaucoup plus petit. Je dis bien : beaucoup plus petit. Et, en effet, dans cette hypothèse, l'inertie est d'origine exclusivement électromagnétique; elle se réduit à l'inertie de l'éther; les électrons ne sont plus rien par eux-mêmes; ils sont seulement des trous dans l'éther, et autour desquels s'agite l'éther; plus ces trous seront petits, plus il y aura d'éther, plus, par conséquent, l'inertie de l'éther sera grande.

Comment décider entre ces deux hypothèses? En opérant sur les rayons canaux, comme Kaufmann l'a fait sur les rayons β? C'est impossible; la vitesse de ces rayons est beaucoup trop faible. Chacun devra-t-il donc se décider d'après son tempérament, les conservateurs allant d'un côté et les amis du nouveau de l'autre? Peut-être, mais, pour bien faire comprendre les arguments des novateurs, il faut faire intervenir d'autres considérations.

CHAPITRE II

La Mécanique et l'Optique.

I

L'ABERRATION

On sait en quoi consiste le phénomène de l'aberration, découvert par Bradley. La lumière émanée d'une étoile met un certain temps pour parcourir une lunette ; pendant ce temps, la lunette, entraînée par le mouvement de la Terre, s'est déplacée. Si donc on braquait la lunette dans la direction *vraie* de l'étoile, l'image se formerait au point qu'occupait la croisée des fils du réticule quand la lumière a atteint l'objectif ; et cette croisée ne serait plus en ce même point quand la lumière atteindrait le plan du réticule. On serait donc conduit à dépointer la lunette pour ramener l'image sur la croisée des fils. Il en résulte que l'astronome ne pointera pas la lunette dans la direction de la vitesse absolue de la lumière, c'est-à-dire sur la position vraie de l'étoile, mais bien dans la direction de la vitesse relative de la lumière par rapport à la Terre, c'est-à-dire sur ce qu'on appelle la position apparente de l'étoile.

La vitesse de la lumière est connue ; on pourrait donc croire que nous avons le moyen de calculer la vitesse *absolue* de la Terre. (Je m'expliquerai tout à l'heure sur ce mot absolu.) Il n'en est rien ; nous connaissons bien la position apparente de l'étoile que nous observons ; mais nous ne connaissons pas sa position vraie : nous ne connaissons la vitesse de la lumière qu'en grandeur et pas en direction.

Si donc la vitesse absolue de la Terre était rectiligne et uniforme, nous n'aurions jamais soupçonné le phénomène de l'aberration ; mais elle est variable ; elle se compose de deux parties : la vitesse du système solaire, qui est rectiligne et uniforme ; la vitesse de la Terre par rapport au Soleil, qui est variable. Si la vitesse du système solaire, c'est-à-dire si la partie constante existait seule, la direction observée serait invariable. Cette position qu'on observerait ainsi s'appelle la position apparente *moyenne* de l'étoile.

Tenons compte maintenant à la fois des deux parties de la vitesse de la Terre, nous aurons la position apparente actuelle, qui décrit une petite ellipse autour de la position apparente moyenne, et c'est cette ellipse qu'on observe.

En négligeant des quantités très petites, nous verrons que les dimensions de cette ellipse ne dépendent que du rapport de la vitesse de la Terre par rapport au Soleil, à la vitesse de la lumière, de sorte que la vitesse *relative* de la Terre par rapport au Soleil est seule intervenue.

Halte-là ! toutefois. Ce résultat n'est pas rigoureux, il n'est qu'approché; poussons l'approximation un peu plus loin. Les dimensions de l'ellipse dépendront alors de la vitesse absolue de la Terre. Comparons les grands axes de l'ellipse pour les différentes étoiles : nous aurons, théoriquement du moins, le moyen de déterminer cette vitesse absolue.

Cela serait peut-être moins choquant qu'il ne semble d'abord; il ne s'agit pas, en effet, de la vitesse, par rapport à un absolu vide, mais de la vitesse par rapport à l'éther, que l'on regarde *par définition* comme étant en repos absolu.

D'ailleurs, ce moyen est purement théorique. En effet, l'aberration est très petite; les variations possibles de l'ellipse d'aberration sont beaucoup plus petites encore, et, si nous regardons l'aberration comme du premier ordre, elles doivent donc être regardées comme du second ordre : un millième de seconde environ; elles sont absolument inappréciables pour nos instruments. Nous verrons enfin plus loin pourquoi la théorie précédente doit être rejetée, et pourquoi nous ne pourrions déterminer cette vitesse absolue quand même nos instruments seraient dix mille fois plus précis !

On pourrait songer à un autre moyen, et l'on y a songé, en effet. La vitesse de la lumière n'est pas la même dans l'eau que dans l'air; ne pourrait-on comparer les deux positions apparentes d'une étoile vue à travers une lunette tantôt pleine d'air, tantôt pleine d'eau? Les résultats ont été négatifs; les lois apparentes de la réflexion et de la réfraction ne sont pas altérées par le mouvement de la Terre. Ce phénomène comporte deux explications :

1° On pourrait supposer que l'éther n'est pas en repos, mais qu'il est entraîné par les corps en mouvement. Il ne serait pas étonnant alors que les phénomènes de réfraction ne fussent pas altérés par le mouvement de la Terre, puisque tout, prismes, lunettes et éther, est entraîné à la fois dans une même translation. Quant à l'aberration elle-même, elle s'expliquerait par une sorte de réfraction qui se produirait à la surface de séparation de l'éther en repos dans les espaces interstellaires et de l'éther entraîné par le mouvement de la Terre. C'est sur cette hypothèse (entraînement total de l'éther) qu'est fondée la *théorie de Hertz* sur l'Électrodynamique des corps en mouvement;

2° Fresnel, au contraire, suppose que l'éther est en repos absolu dans le vide, en repos presque absolu dans l'air, quelle que soit la vitesse de cet air, et qu'il est partiellement entraîné par les milieux réfringents. Lorentz a donné à cette théorie une forme plus satisfaisante. Pour lui, l'éther est en repos, les électrons seuls sont en mouvement ; dans le vide, où l'éther entre seul en jeu, dans l'air, où il entre presque seul en jeu, l'entraînement est nul ou presque nul ; dans les milieux réfringents, où la perturbation est produite à la fois par les vibrations de l'éther et par celles des électrons mis en branle par l'agitation de l'éther, les ondulations se trouvent *partiellement* entraînées.

Pour décider entre les deux hypothèses, nous avons l'expérience de Fizeau, qui a comparé, par des mesures de franges d'interférence, la vitesse de la lumière dans l'air en repos ou en mouvement, ainsi que dans l'eau au repos ou en mouvement. Ces expériences ont confirmé l'hypothèse de l'entraînement partiel de Fresnel. Elles ont été reprises avec le même résultat par Michelson. *La théorie de Hertz doit donc être rejetée.*

II

LE PRINCIPE DE RELATIVITÉ

Mais si l'éther n'est pas entraîné par le mouvement de la Terre, est-il possible de mettre en évidence, par le moyen des phénomènes optiques, la vitesse absolue de la Terre, ou plutôt sa vitesse par rapport à l'éther immobile ? L'expérience a répondu négativement, et cependant on a varié les procédés expérimentaux de toutes les manières possibles. Quel

que soit le moyen qu'on emploie, on ne pourra
jamais déceler que des vitesses relatives, j'entends
les vitesses de certains corps matériels, par rapport
à d'autres corps matériels. En effet, si la source de
lumière et les appareils d'observation sont sur la
Terre et participent à son mouvement, les résultats
expérimentaux ont toujours été les mêmes, quelle
que soit l'orientation de l'appareil par rapport à la
direction du mouvement orbital de la Terre. Si
l'aberration astronomique se produit, c'est que la
source, qui est une étoile, est en mouvement par rapport à l'observateur.

Les hypothèses faites jusqu'ici rendent parfaitement compte de ce résultat général, *si l'on néglige
les quantités très petites de l'ordre du carré de
l'aberration*. L'explication s'appuie sur la notion du
temps local, que je vais chercher à faire comprendre, et qui a été introduite par Lorentz. Supposons
deux observateurs, placés l'un en A, l'autre en B, et
voulant régler leurs montres par le moyen de signaux optiques. Ils conviennent que B enverra un
signal à A quand sa montre marquera une heure
déterminée, et A remet sa montre à l'heure au moment où il aperçoit le signal. Si l'on opérait seulement de la sorte, il y aurait une erreur systématique,
car comme la lumière met un certain temps t pour
aller de B en A, la montre de A va retarder d'un
temps t sur celle de B. Cette erreur est aisée à corri-
ger. Il suffit de croiser les signaux. Il faut que A

envoie à son tour des signaux à B, et, après ce nouveau réglage, ce sera la montre de B qui retardera d'un temps t sur celle de A. Il suffira alors de prendre la moyenne arithmétique entre les deux réglages.

Mais cette façon d'opérer suppose que la lumière met le même temps pour aller de A en B et pour revenir de B en A. Cela est vrai si les observateurs sont immobiles; cela n'est plus s'ils sont entraînés dans une translation commune, parce qu'alors A, par exemple, ira au-devant de la lumière qui vient de B, tandis que B fuira devant la lumière qui vient de A. Si donc les observateurs sont entraînés dans une translation commune et s'ils ne s'en doutent pas, leur réglage sera défectueux; leurs montres n'indiqueront pas le même temps; chacune d'elles indiquera le *temps local*, convenant au point où elle se trouve.

Les deux observateurs n'auront aucun moyen de s'en apercevoir, si l'éther immobile ne peut leur transmettre que des signaux lumineux, marchant tous avec la même vitesse, et si les autres signaux qu'ils pourraient s'envoyer leur sont transmis par des milieux entraînés avec eux dans leur translation. Le phénomène que chacun d'eux observera sera soit en avance, soit en retard; il ne se produira pas au même moment que si la translation n'existait pas; mais, comme on l'observera avec une montre mal réglée, on ne s'en apercevra pas et les apparences ne seront pas altérées.

Il résulte de là que la compensation est facile à expliquer tant qu'on néglige le carré de l'aberration, et longtemps les expériences ont été trop peu précises pour qu'il y eût lieu d'en tenir compte. Mais un jour Michelson a imaginé un procédé beaucoup plus délicat : il a fait interférer des rayons qui avaient parcouru des trajets différents après s'être réfléchis sur des miroirs; chacun des trajets approchant d'un mètre et les franges d'interférence permettant d'apprécier des différences d'une fraction de millième de millimètre, on ne pouvait plus négliger le carré de l'aberration, et *cependant les résultats furent encore négatifs*. La théorie demandait donc à être complétée, et elle l'a été par *l'hypothèse de Lorentz et de Fitz-Gerald*.

Ces deux physiciens supposent que tous les corps entraînés dans une translation subissent une contraction dans le sens de cette translation, tandis que leurs dimensions perpendiculaires à cette translation demeurent invariables. *Cette contraction est la même pour tous les corps;* elle est, d'ailleurs, très faible, d'environ un deux cent millionième pour une vitesse comme celle de la Terre. Nos instruments de mesure ne pourraient, d'ailleurs, la déceler, même s'ils étaient beaucoup plus précis; les mètres avec lesquels nous mesurons subissent, en effet, la même contraction que les objets à mesurer. Si un corps s'applique exactement sur le mètre, quand on oriente le corps et, par conséquent, le mètre dans le sens du mouvement de la Terre, il ne cessera pas de s'appliquer exactement sur le mètre dans une autre orientation, et cela bien que le corps et le mètre aient changé de longueur en même temps que d'orientation, et précisément parce que le changement est le même pour l'un et pour l'autre. Mais il n'en est pas de même si nous mesurons une longueur, non plus avec un mètre, mais par le temps que la lumière met à la parcourir, et c'est précisément ce qu'a fait Michelson.

Un corps sphérique, lorsqu'il est en repos, prendra ainsi la forme d'un ellipsoïde de révolution aplati lorsqu'il sera en mouvement ; mais l'observateur le croira toujours sphérique, parce qu'il a subi lui-même une déformation analogue, ainsi que tous les objets qui lui servent de points de repère. Au contraire, les surfaces d'ondes de la lumière, qui sont restées rigoureusement sphériques, lui paraîtront des ellipsoïdes allongés.

Que va-t-il se passer alors ? Supposons un observateur et une source entraînés ensemble dans la translation : les surfaces d'onde émanées de la source seront des sphères ayant pour centres les positions successives de la source ; la distance de ce centre à la position actuelle de la source sera proportionnelle au temps écoulé depuis l'émission, c'est-à-dire au rayon de la sphère. Toutes ces sphères sont donc homothétiques l'une de l'autre, par rapport à la position actuelle S de la source. Mais, pour notre observateur, à cause de la contraction, toutes ces sphères paraîtront des ellipsoïdes allongés, et tous ces ellipsoïdes seront encore homothétiques, par rapport au point S; l'excentricité de tous ces ellipsoïdes est la même et dépend seulement de la vitesse de la Terre. *Nous choisirons la loi de contraction, de façon que le point S soit au foyer de la section méridienne de l'ellipsoïde.*

Cette fois, la compensation est *rigoureuse*, et c'est ce qui explique l'expérience de Michelson.

J'ai dit plus haut que, d'après les théories ordinaires, les observations de l'aberration astronomique pourraient nous faire connaître la vitesse absolue de la Terre, si nos instruments étaient mille fois plus précis. Il me faut modifier cette conclusion. Oui, les angles observés seraient modifiés par l'effet de cette vitesse absolue, mais les cercles divisés dont nous nous servons pour mesurer les angles seraient déformés par la translation : ils deviendraient des ellipses; il en résulterait une erreur sur l'angle mesuré, et *cette seconde erreur compenserait exactement la première.*

Cette hypothèse de Lorentz et Fitz-Gerald paraîtra, au premier abord, fort extraordinaire; tout ce que nous pouvons dire pour le moment, en sa faveur, c'est qu'elle n'est que la traduction immédiate du résultat expérimental de Michelson, si l'on *définit* les longueurs par les temps que la lumière met à les parcourir.

Quoi qu'il en soit, il est impossible d'échapper à cette impression que le principe de relativité est une loi générale de la Nature, qu'on ne pourra jamais, par aucun moyen imaginable, mettre en évidence que des vitesses relatives, et j'entends par là non pas seulement les vitesses des corps par rapport à l'éther, mais les vitesses des corps les uns par rapport aux autres. Trop d'expériences diverses ont donné des résultats concordants pour qu'on ne se sente pas tenté d'attribuer à ce principe de relativité une valeur comparable à celle du principe d'équivalence, par exemple. Il convient, en tout cas, de voir à quelles conséquences nous conduirait cette façon de voir et de soumettre ensuite ces conséquences au contrôle de l'expérience.

III

LE PRINCIPE DE RÉACTION

Voyons ce que devient, dans la théorie de Lorentz, le principe de l'égalité de l'action et de la réaction. Voilà un électron A qui entre en mouvement pour une cause quelconque; il produit une perturbation dans l'éther; au bout d'un certain temps, cette perturbation atteint un autre électron B, qui sera dérangé de sa position d'équilibre. Dans ces conditions, il ne peut y avoir égalité entre l'action et la réaction, au moins si l'on ne considère pas l'éther, mais seulement les électrons, *qui sont seuls obser-vables*, puisque notre matière est formée d'électrons.

En effet, c'est l'électron A qui a dérangé l'électron B ; alors même que l'électron B réagirait sur A, cette réaction pourrait être égale à l'action, mais elle ne saurait, en aucun cas, être simultanée, puisque l'électron B ne pourrait entrer en mouvement qu'après un certain temps, nécessaire pour la propagation. Si l'on soumet le problème à un calcul plus précis, on arrive au résultat suivant : Supposons un excitateur de Hertz placé au foyer d'un miroir parabolique auquel il est lié mécaniquement ; cet excitateur émet des ondes électromagnétiques, et le miroir renvoie toutes ces ondes dans la même direction ; l'excitateur va donc rayonner de l'énergie dans une direction déterminée. Eh bien, le calcul montre que *l'excitateur va reculer* comme un canon qui a envoyé un projectile. Dans le cas du canon, le recul est le résultat naturel de l'égalité de l'action et de la réaction. Le canon recule, parce que le projectile sur lequel il a agi réagit sur lui.

Mais ici, il n'en est plus de même. Ce que nous avons envoyé au loin, ce n'est plus un projectile matériel : c'est de l'énergie, et l'énergie n'a pas de masse : il n'y a pas de contre-partie. Et, au lieu d'un excitateur, nous aurions pu considérer tout simplement une lampe avec un réflecteur concentrant ses rayons dans une seule direction.

Il est vrai que, si l'énergie émanée de l'excitateur

ou de la lampe vient à atteindre un objet matériel, cet objet va subir une poussée mécanique comme s'il avait été atteint par un projectile véritable, et cette poussée sera égale au recul de l'excitateur et de la lampe, s'il ne s'est pas perdu d'énergie en route et si l'objet absorbe cette énergie en totalité. On serait donc tenté de dire qu'il y a encore compensation entre l'action et la réaction. Mais cette compensation, alors même qu'elle est complète, est toujours retardée. Elle ne se produit jamais si la lumière, après avoir quitté la source, erre dans les espaces interstellaires sans jamais rencontrer un corps matériel; elle est incomplète, si le corps qu'elle frappe n'est pas parfaitement absorbant.

Ces actions mécaniques sont-elles trop petites pour être mesurées, ou bien sont-elles accessibles à l'expérience? Ces actions ne sont autre chose que celles qui sont dues aux pressions *Maxwell-Bartholi*; Maxwell avait prévu ces pressions par des calculs relatifs à l'Électrostatique et au Magnétisme; Bartholi était arrivé au même résultat par des considérations de Thermodynamique.

C'est de cette façon que s'expliquent les *queues des comètes*. De petites particules se détachent du noyau de la comète; elles sont frappées par la lumière du Soleil, qui les repousse comme ferait une pluie de projectiles venant du Soleil. La masse de ces particules est tellement petite, que cette répulsion l'emporte sur l'attraction newtonienne; elles vont donc former les queues en s'éloignant du Soleil.

La vérification expérimentale directe n'était pas aisée à obtenir. La première tentative a conduit à la construction du *radiomètre*. Mais cet appareil *tourne à l'envers*, dans le sens opposé au sens théorique, et l'explication de sa rotation, découverte depuis, est toute différente. On a réussi enfin, en poussant plus loin le vide d'une part, et d'autre part en ne noircissant pas l'une des faces des palettes et dirigeant un faisceau lumineux sur l'une des faces. Les effets radiométriques et les autres causes perturbatrices sont éliminés par une série de précautions minutieuses, et l'on obtient une déviation qui est fort petite, mais qui est, paraît-il, conforme à la théorie.

Les mêmes effets de la pression Maxwell-Bartholi sont prévus également par la théorie de Hertz, dont nous avons parlé plus haut, et par celle de Lorentz. Mais il y a une différence. Supposons que l'énergie, sous forme de lumière par exemple, aille d'une source lumineuse à un corps quelconque à travers un milieu transparent. La pression de Maxwell-Bartholi agira, non seulement sur la source au départ, et sur le corps éclairé à l'arrivée, mais sur la matière du milieu transparent qu'elle traverse. Au moment où l'onde lumineuse atteindra une région nouvelle de ce milieu, cette pression poussera en avant la matière qui s'y trouve répandue et la ramènera en arrière quand l'onde quittera cette région. De sorte que le recul de la source a pour contre-partie la marche en avant de la matière transparente qui est au contact de cette source; un peu plus tard, le recul de cette même matière a pour contre-partie la marche en avant de la matière transparente qui se trouve un peu plus loin, et ainsi de suite.

Seulement, la compensation est-elle parfaite? L'action de la pression Maxwell-Bartholi sur la matière du milieu transparent est-elle égale à sa réaction sur la source, et cela, quelle que soit cette matière? Ou bien cette action est-elle d'autant plus petite que le milieu est moins réfringent et plus raréfié pour devenir nulle dans le vide? Si l'on admettait la théorie de Hertz, qui regarde la matière comme mécaniquement liée à l'éther, de façon que l'éther soit entraîné entièrement par la matière, il faudrait répondre oui à la première question et non à la seconde.

Il y aurait alors compensation parfaite, comme l'exige le principe de l'égalité de l'action et de la réaction, même dans les milieux les moins réfringents, même dans l'air, même dans le vide interplanétaire, où il suffirait de supposer un reste de matière, si subtile qu'elle soit. Si l'on admet, au contraire, la théorie de Lorentz, la compensation, toujours imparfaite, est insensible dans l'air et devient nulle dans le vide.

Mais nous avons vu plus haut que l'expérience de

Fizeau ne permet pas de conserver la théorie de Hertz; il faut donc adopter la théorie de Lorentz et, par conséquent, *renoncer au principe de réaction*.

IV

CONSÉQUENCES DU PRINCIPE DE RELATIVITÉ

Nous avons vu, plus haut, les raisons qui portent à regarder le Principe de Relativité comme une loi générale de la Nature. Voyons à quelles conséquences nous conduirait ce principe, si nous le regardions comme définitivement démontré.

D'abord, il nous oblige à généraliser l'hypothèse de Lorentz et Fitz-Gerald sur la contraction de tous les corps dans le sens de la translation. En particulier, nous devrons étendre cette hypothèse aux électrons eux-mêmes. Abraham considérait ces électrons comme sphériques et indéformables; il nous faudra admettre que ces électrons, sphériques quand ils sont au repos, subissent la contraction de Lorentz quand ils sont en mouvement et prennent alors la forme d'ellipsoïdes aplatis.

Cette déformation des électrons va influer sur leurs propriétés mécaniques. En effet, j'ai dit que le déplacement de ces électrons chargés est un véritable courant de convection et que leur inertie apparente est due à la self-induction de ce courant : exclusivement en ce qui concerne les électrons négatifs ; exclusivement ou non, nous n'en savons rien encore, pour les électrons positifs. Eh bien, la déformation des électrons, déformation qui dépend de leur vitesse, va modifier la distribution de l'électricité à leur surface, par conséquent l'intensité du courant de convection qu'ils produisent, par conséquent les lois suivant lesquelles la self-induction de ce courant variera en fonction de la vitesse.

A ce prix, la compensation sera parfaite et conforme aux exigences du Principe de Relativité, mais cela à deux conditions :

1° Que les électrons positifs n'aient pas de masse réelle, mais seulement une masse fictive électromagnétique ; ou tout au moins que leur masse réelle, si elle existe, ne soit pas constante et varie avec la vitesse suivant les mêmes lois que leur masse fictive ;

2° Que toutes les forces soient d'origine électromagnétique, ou tout au moins qu'elles varient avec la vitesse suivant les mêmes lois que les forces d'origine électromagnétique.

C'est encore Lorentz qui a fait cette remarquable synthèse ; arrêtons-nous-y un instant et voyons ce qui en découle. D'abord, il n'y a plus de matière, puisque les électrons positifs n'ont plus de masse réelle, ou tout au moins plus de masse réelle constante. Les principes actuels de notre Mécanique, fondés sur la constance de la masse, doivent donc être modifiés.

Ensuite, il faut chercher une explication électromagnétique de toutes les forces connues, en particulier de la gravitation, ou tout au moins modifier la loi de la gravitation de telle façon que cette force soit altérée par la vitesse de la même façon que les forces électromagnétiques. Nous reviendrons sur ce point.

Tout cela paraît, au premier abord, un peu artificiel. En particulier, cette déformation des électrons semble bien hypothétique. Mais on peut présenter la chose autrement, de façon à éviter de mettre cette hypothèse de la déformation à la base du raisonnement. Considérons les électrons comme des points matériels et demandons-nous comment doit varier leur masse en fonction de la vitesse pour ne pas contrevenir au principe de relativité. Ou, plutôt encore, demandons-nous quelle doit être leur accélération sous l'influence d'un champ électrique ou magnétique, pour que ce principe ne soit pas violé et qu'on retombe sur les lois ordinaires en supposant la vitesse très faible. Nous trouverons que les variations de cette masse, ou de ces accélérations, doivent se passer *comme si* l'électron subissait la déformation de Lorentz.

V

L'EXPÉRIENCE DE KAUFMANN

Nous voilà donc en présence de deux théories : l'une où les électrons sont indéformables, c'est celle d'Abraham ; l'autre où ils subissent la déformation de Lorentz. Dans les deux cas, leur masse croît avec la vitesse, pour devenir infinie quand cette vitesse devient égale à celle de la lumière ; mais la loi de la variation n'est pas la même. La méthode employée par Kaufmann pour mettre en évidence la loi de variation de la masse semble donc nous donner un moyen expérimental de décider entre les deux théories.

Malheureusement, ses premières expériences n'étaient pas assez précises pour cela ; aussi a-t-il cru devoir les reprendre avec plus de précautions, et en mesurant avec grand soin l'intensité des champs. Sous leur nouvelle forme, *elles ont donné raison à la théorie d'Abraham*. Le Principe de Relativité n'aurait donc pas la valeur rigoureuse qu'on était tenté de lui attribuer ; on n'aurait plus aucune raison de croire que les électrons positifs sont dénués de masse réelle comme les électrons négatifs.

Toutefois, avant d'adopter définitivement cette conclusion, un peu de réflexion est nécessaire. La question est d'une telle importance qu'il serait à désirer que l'expérience de Kaufmann fût reprise par un autre expérimentateur [1]. Malheureusement,

---

1. Au moment de mettre sous presse nous apprenons que M. Bucherer a repris l'expérience en s'entourant de précautions nouvelles et qu'il a obtenu, contrairement à M. Kaufmann, des résultats confirmant les vues de Lorentz.

cette expérience est fort délicate et ne pourra être menée à bien que par un physicien de la même habileté que Kaufmann. Toutes les précautions ont été convenablement prises et l'on ne voit pas bien quelle objection on pourrait faire.

Il y a cependant un point sur lequel je désirerais attirer l'attention : c'est sur la mesure du champ électrostatique, mesure d'où tout dépend. Ce champ était produit entre les deux armatures d'un condensateur ; et, entre ces armatures, on avait dû faire un vide extrêmement parfait, afin d'obtenir un isolement complet. On a mesuré alors la différence de potentiel des deux armatures, et l'on a obtenu le champ en divisant cette différence par la distance des armatures. Cela suppose que le champ est uniforme ; cela est-il certain ? Ne peut-il se faire qu'il y ait une chute brusque de potentiel dans le voisinage d'une des armatures, de l'armature négative, par exemple ? Il peut y avoir une différence de potentiel au contact entre le métal et le vide, et il peut se faire que cette différence ne soit pas la même du côté positif et du côté négatif ; ce qui me porterait à le croire, ce sont les effets de soupape électrique entre mercure et vide. Quelque faible que soit la probabilité pour qu'il en soit ainsi, il semble qu'il y ait lieu d'en tenir compte.

VI

LE PRINCIPE D'INERTIE

Dans la nouvelle Dynamique, le Principe d'Inertie est encore vrai, c'est-à-dire qu'un électron *isolé* aura un mouvement rectiligne et uniforme. Du moins, on s'accorde généralement à l'admettre ; cependant, Lindemann a fait des objections à cette façon de voir ; je ne veux pas prendre parti dans cette discussion, que je ne puis exposer ici à cause de son caractère trop ardu. Il suffirait en tout cas de légères modifications à la théorie pour se mettre à l'abri des objections de Lindemann.

On sait qu'un corps plongé dans un fluide éprouve, quand il est en mouvement, une résistance considérable, mais c'est parce que nos fluides sont visqueux ; dans un fluide idéal, parfaitement dépourvu de viscosité, le corps agiterait derrière lui une poupe liquide, une sorte de sillage ; au départ, il faudrait un grand effort pour le mettre en mouvement, puisqu'il faudrait ébranler non seulement le corps lui-même, mais le liquide de son sillage. Mais, une fois le mouvement acquis, il se perpétuerait sans résistance, puisque le corps, en s'avançant, transporterait simplement avec lui la perturbation du liquide, sans que la force vive totale de ce liquide augmentât. Tout se passerait donc comme si son inertie était augmentée. Un électron s'avançant dans l'éther se comporterait de la même manière : autour de lui, l'éther serait agité, mais cette perturbation accompagnerait le corps dans son mouvement ; de sorte que, pour un observateur entraîné avec l'électron, les champs électrique et magnétique qui accompagnent cet électron paraîtraient invariables, et ne pourraient changer que si la vitesse de l'électron venait à varier. Il faudrait donc un effort pour mettre l'électron en mouvement, puisqu'il faudrait créer l'énergie de ces champs ; au contraire, une fois le mouvement acquis, aucun effort ne serait nécessaire pour le maintenir, puisque l'énergie créée n'aurait plus qu'à se transporter derrière l'électron comme un sillage. Cette énergie ne peut donc qu'augmenter l'inertie de l'électron, comme l'agitation du liquide augmente celle du corps plongé dans un fluide parfait. Et même les électrons négatifs, tout au moins, n'ont pas d'autre inertie que celle-là.

Dans l'hypothèse de Lorentz, la force vive, qui n'est autre que l'énergie de l'éther, n'est pas proportionnelle à v^2. Sans doute si v est très faible, la force vive est sensiblement proportionnelle à v^2, la quantité de mouvement sensiblement proportionnelle à v, les deux masses sensiblement constantes et égales entre elles. Mais, *quand la vitesse tend vers la vitesse de la lumière, la force vive, la quantité de mouvement et les deux masses croissent au delà de toute limite.*

Dans l'hypothèse d'Abraham, les expressions sont un peu plus compliquées ; mais ce que nous venons de dire subsiste dans ses traits essentiels.

Ainsi la masse, la quantité de mouvement, la force vive deviennent infinies quand la vitesse est égale à celle de la lumière. Il en résulte qu'*aucun corps ne pourra atteindre par aucun moyen une vitesse supérieure à celle de la lumière*. Et, en effet, à mesure que sa vitesse croit, sa masse croit, de sorte que son inertie oppose à tout nouvel accroissement de vitesse un obstacle de plus en plus grand.

Une question se pose alors : admettons le Principe de la Relativité ; un observateur en mouvement ne doit pas avoir le moyen de s'apercevoir de son propre mouvement. Si donc aucun corps dans son mouvement absolu ne peut dépasser la vitesse de la lumière, mais peut en approcher autant qu'on veut, il doit en être de même en ce qui concerne son mouvement relatif par rapport à notre observateur. Et alors on pourrait être tenté de raisonner comme il suit : L'observateur peut atteindre une vitesse de 200.000 kilomètres ; le corps, dans son mouvement relatif par rapport à l'observateur, peut atteindre la même vitesse ; sa vitesse absolue sera alors de 400.000 kilomètres, ce qui est impossible, puisque c'est un chiffre supérieur à la vitesse de la lumière. Ce n'est là qu'une apparence, qui s'évanouit quand on tient compte de la façon dont Lorentz évalue les temps locaux.

VII

L'ONDE D'ACCÉLÉRATION

Quand un électron est en mouvement, il produit dans l'éther qui l'entoure une perturbation; si son mouvement est rectiligne et uniforme, cette perturbation se réduit au sillage dont nous avons parlé au chapitre précédent. Mais il n'en est plus de même si le mouvement est curviligne ou varié. La perturbation peut alors être regardée comme la superposition de deux autres, auxquelles Langevin a donné les noms d'*onde de vitesse* et d'*onde d'accélération*.

L'onde de vitesse n'est autre chose que le sillage qui se produit dans le mouvement uniforme.

Quant à l'onde d'accélération, c'est une perturbation tout à fait analogue aux ondes lumineuses, qui part de l'électron au moment où il subit une accélération, et qui se propage ensuite par ondes sphériques successives avec la vitesse de la lumière.

D'où cette conséquence : dans un mouvement rectiligne et uniforme, l'énergie se conserve intégralement; mais, dès qu'il y a une accélération, il y a perte d'énergie, qui se dissipe sous forme d'ondes lumineuses et s'en va à l'infini à travers l'éther.

Toutefois, les effets de cette onde d'accélération, en particulier la perte d'énergie correspondante, sont négligeables dans la plupart des cas, c'est-à-dire non seulement dans la Mécanique ordinaire et dans les mouvements des corps célestes, mais même dans les rayons du radium, où la vitesse est très grande sans que l'accélération le soit. On peut alors se borner à appliquer les lois de la Mécanique, en écrivant que la force est égale au produit de l'accélération par la masse, cette masse, toutefois, variant avec la vitesse d'après les lois exposées plus haut. On dit alors que le mouvement est *quasi-stationnaire*.

Il n'en serait pas de même dans tous les cas où l'accélération est grande, et dont les principaux sont les suivants : 1° Dans les gaz incandescents, certains électrons prennent un mouvement oscillatoire de très haute fréquence ; les déplacements sont très petits, les vitesses sont finies, et les accélérations très grandes ; l'énergie se communique alors à l'éther, et c'est pour cela que ces gaz rayonnent de la lumière de même période que les oscillations de l'électron ; 2° Inversement, quand un gaz reçoit de la lumière, ces mêmes électrons sont mis en branle avec de fortes accélérations et ils absorbent de la lumière ; 3° Dans l'excitateur de Hertz, les électrons qui circulent dans la masse métallique subissent, au moment de la décharge, une brusque accélération et prennent ensuite un mouvement oscillatoire de haute fréquence. Il en résulte qu'une partie de l'énergie rayonne sous forme d'ondes hertziennes ; 4° Dans un métal incandescent, les électrons enfermés dans ce métal sont animés de grandes vitesses ; en arrivant à la surface du métal, qu'ils ne peuvent franchir, ils se réfléchissent et subissent ainsi une accélération considérable. C'est pour cela que le métal émet de la lumière. C'est ce que j'ai déjà expliqué au chapitre X, n° IV. Les détails des lois de l'émission de la lumière par les corps noirs sont parfaitement expliqués par cette hypothèse ; 5° Enfin quand les rayons cathodiques viennent frapper l'anticathode, les électrons négatifs qui constituent ces rayons, et qui sont animés de très grandes vitesses, sont brusquement arrêtés. Par suite de l'accélération qu'ils subissent ainsi, ils produisent des ondulations dans l'éther. Ce serait là, d'après certains physiciens, l'origine des Rayons Röntgen, qui ne seraient autre chose que des rayons lumineux de très courte longueur d'onde.

CHAPITRE III

La Mécanique nouvelle et l'Astronomie.

I

LA GRAVITATION

La masse peut être définie de deux manières :
1° par le quotient de la force par l'accélération; c'est
la véritable définition de la masse, qui mesure
l'inertie du corps; 2° par l'attraction qu'exerce le
corps sur un corps extérieur, en vertu de la loi de
Newton. Nous devons donc distinguer la masse
coefficient d'inertie et la masse coefficient d'attraction. D'après la loi de Newton, il y a proportionnalité rigoureuse entre ces deux coefficients. Mais
cela n'est démontré que pour les vitesses auxquelles
les principes généraux de la Dynamique sont applicables. Maintenant, nous avons vu que la masse
coefficient d'inertie croît avec la vitesse; devons-
nous conclure que la masse coefficient d'attraction
croît également avec la vitesse et reste proportionnelle au coefficient d'inertie, ou, au contraire, que

ce coefficient d'attraction demeure constant? C'est là une question que nous n'avons aucun moyen de décider.

D'autre part, si le coefficient d'attraction dépend de la vitesse, comme les vitesses des deux corps qui s'attirent mutuellement ne sont généralement pas les mêmes, comment ce coefficient dépendra-t-il de ces deux vitesses?

Nous ne pouvons faire à ce sujet que des hypothèses, mais nous sommes naturellement amenés à rechercher quelles seraient celles de ces hypothèses qui seraient compatibles avec le Principe de la Relativité. Il y en a un grand nombre; la seule dont je parlerai ici est celle de Lorentz, que je vais exposer brièvement.

Considérons d'abord des électrons en repos. Deux électrons de même signe se repoussent et deux électrons de signe contraire s'attirent; dans la théorie ordinaire, leurs actions mutuelles sont proportionnelles à leurs charges électriques; si donc nous avons quatre électrons, deux positifs A et A′, et deux négatifs B et B′, et que les charges de ces quatre électrons soient les mêmes, en valeur absolue, la répulsion de A sur A′ sera, à la même distance, égale à la répulsion de B sur B′ et égale encore à l'attraction de A sur B′, ou de A′ sur B. Si donc A et B sont très près l'un de l'autre, de même que A′ et B′, et que nous examinions l'action du système A + B sur le système A′ + B′, nous aurons deux répulsions et deux attractions qui se compenseront exactement et l'action résultante sera nulle.

Or, les molécules matérielles doivent précisément être regardées comme des espèces de systèmes solaires où circulent les électrons, les uns positifs, les autres négatifs, et *de telle façon que la somme algébrique de toutes les charges soit nulle*. Une molécule matérielle est donc de tout point assimilable au système A + B dont nous venons de parler, de sorte que l'action électrique totale de deux molécules l'une sur l'autre devrait être nulle.

Mais l'expérience nous montre que ces molécules s'attirent par suite de la gravitation newtonienne; et alors on peut faire deux hypothèses : on peut supposer que la gravitation n'a aucun rapport avec les attractions électrostatiques, qu'elle est due à une cause entièrement différente, et qu'elle vient simplement s'y superposer ; ou bien on peut admettre qu'il n'y a pas proportionnalité des attractions aux charges et que l'attraction exercée par une charge + 1 sur une charge — 1 est plus grande que la répulsion mutuelle de deux charges + 1, ou que celle de deux charges — 1.

En d'autres termes, le champ électrique produit par les électrons positifs et celui que produisent les électrons négatifs se superposeraient en restant distincts. Les électrons positifs seraient plus sensibles au champ produit par les électrons négatifs qu'au champ produit par les électrons positifs ; ce serait le contraire pour les électrons négatifs. Il est clair que cette hypothèse complique un peu l'Electrostatique, mais qu'elle y fait rentrer la gravitation. C'était, en somme, l'hypothèse de Franklin.

Qu'arrive-t-il maintenant si les électrons sont en mouvement? Les électrons positifs vont engendrer une perturbation dans l'éther et y feront naître un champ électrique et un champ magnétique. Il en sera de même pour les électrons négatifs. Les électrons, tant positifs que négatifs, subiront ensuite une impulsion mécanique par l'action de ces différents champs. Dans la théorie ordinaire, le champ électromagnétique, dû au mouvement des électrons positifs, exerce, sur deux électrons de signe contraire et de même charge absolue, des actions égales et de signe contraire. On peut alors sans inconvénient ne pas distinguer le champ dû au mouvement des électrons positifs et le champ dû au mouvement des électrons négatifs et ne considérer que la somme algébrique de ces deux champs, c'est-à-dire le champ résultant.

Dans la nouvelle théorie, au contraire, l'action sur les électrons positifs du champ électromagnétique dû aux électrons positifs se fait d'après les lois ordinaires; il en est de même de l'action sur les électrons négatifs du champ dû aux électrons négatifs. Considérons maintenant l'action du champ dû aux électrons positifs sur les électrons négatifs (ou inversement); elle suivra encore les mêmes lois,

mais *avec un coefficient différent*. Chaque électron
est plus sensible au champ créé par les électrons de
nom contraire qu'au champ créé par les électrons
de même nom.

Telle est l'hypothèse de Lorentz, qui se réduit à
l'hypothèse de Franklin aux faibles vitesses; elle
rendra donc compte, pour ces faibles vitesses, de la
loi de Newton. De plus, comme la gravitation se
ramène à des forces d'origine électrodynamique, la
théorie générale de Lorentz s'y appliquera, et, par
conséquent, le Principe de la Relativité ne sera pas
violé.

On voit que la loi de Newton n'est plus applicable
aux grandes vitesses et qu'elle doit être modifiée,
pour les corps en mouvement, précisément de la
même manière que les lois de l'Electrostatique pour
l'électricité en mouvement.

On sait que les perturbations électromagnétiques
se propagent avec la vitesse de la lumière. On sera
donc tenté de rejeter la théorie précédente, en rappelant que la gravitation se propage, d'après les
calculs de Laplace, au moins dix millions de fois plus
vite que la lumière, et que, par conséquent, elle ne
peut être d'origine électrodynamique. Le résultat
de Laplace est bien connu, mais on en ignore généralement la signification. Laplace supposait que, si
la propagation de la gravitation n'est pas instantanée,
sa vitesse de propagation se combine avec celle du
corps attiré, comme cela se passe pour la lumière

dans le phénomène de l'aberration astronomique, de telle façon que la force effective n'est pas dirigée suivant la droite qui joint les deux corps, mais fait, avec cette droite, un petit angle. C'est là une hypothèse toute particulière, assez mal justifiée, et, en tout cas, entièrement différente de celle de Lorentz. Le résultat de Laplace ne prouve rien contre la théorie de Lorentz.

II

COMPARAISON AVEC LES OBSERVATIONS ASTRONOMIQUES

Les théories précédentes sont-elles conciliables avec les observations astronomiques? Tout d'abord, si on les adopte, l'énergie des mouvements planétaires sera constamment dissipée par l'effet de *l'onde d'accélération*. Il en résulterait que les moyens mouvements des astres iraient constamment en s'accélérant, comme si ces astres se mouvaient dans un milieu résistant. Mais cet effet est excessivement faible, beaucoup trop pour être décelé par les observations les plus précises. L'accélération des corps célestes est relativement faible, de sorte que les effets de l'onde d'accélération sont négligeables et que le mouvement peut être regardé comme *quasistationnaire*. Il est vrai que les effets de l'onde d'accélération vont constamment en s'accumulant, mais cette accumulation elle-même est si lente qu'il faudrait bien des milliers d'années d'observation pour qu'elle devînt sensible.

Faisons donc le calcul en considérant le mouvement comme quasi-stationnaire, et cela dans les trois hypothèses suivantes :

A. Admettons l'hypothèse d'Abraham (électrons indéformables) et conservons la loi de Newton sous sa forme habituelle ;

B. Admettons l'hypothèse de Lorentz sur la déformation des électrons et conservons la loi de Newton habituelle ;

C. Admettons l'hypothèse de Lorentz sur les électrons et modifions la loi de Newton, comme nous l'avons fait au paragraphe précédent, de façon à la rendre compatible avec le Principe de la Relativité.

C'est dans le mouvement de Mercure que l'effet sera le plus sensible, parce que cette planète est celle qui possède la plus grande vitesse. Tisserand avait fait un calcul analogue autrefois, en admettant la loi de Weber ; je rappelle que Weber avait cherché à expliquer à la fois les phénomènes électrostatiques et électrodynamiques en supposant que les électrons (dont le nom n'était pas encore inventé) exercent, les uns sur les autres, des attractions et des répulsions dirigées suivant la droite qui les joint, et dépendant non seulement de leurs distances, mais des dérivées premières et secondes de ces distances, par conséquent, de leurs vitesses et de leurs accélérations. Cette loi de Weber, assez différente de celles qui tendent à prévaloir aujourd'hui, n'en présente pas moins avec elle une certaine analogie.

Tisserand a trouvé que, si l'attraction newtonienne se faisait conformément à la loi de Weber, il en résulterait, pour le périhélie de Mercure, une variation séculaire de 14″, *de même sens que celle qui a été observée et n'a pu être expliquée*, mais plus petite, puisque celle-ci est de 38″.

Revenons aux hypothèses A, B et C, et étudions d'abord le mouvement d'une planète attirée par un centre fixe. Les hypothèses B et C ne se distinguent plus alors, puisque, si le point attirant est fixe, le champ qu'il produit est un champ purement électrostatique, où l'attraction varie en raison inverse du carré des distances, conformément à la loi électrostatique de Coulomb, identique à celle de Newton.

L'équation des forces vives subsiste, en prenant pour la force vive la définition nouvelle ; de même, l'équation des aires est remplacée par une autre équivalente ; le moment de la quantité de mouvement est une constante, mais la quantité de mouvement doit être définie comme on le fait dans la nouvelle Dynamique.

Le seul effet sensible sera un mouvement séculaire du périhélie. Avec la théorie de Lorentz, on trouvera, pour ce mouvement, la moitié de ce que donnait la loi de Weber ; avec la théorie d'Abraham, les deux cinquièmes.

Si l'on suppose maintenant deux corps mobiles gravitant autour de leur centre de gravité commun, les effets sont très peu différents, quoique les calculs soient un peu plus compliqués. Le mouvement du périhélie de Mercure serait donc de $7''$ dans la théorie de Lorentz et de $5'',6$ dans celle d'Abraham.

L'effet est d'ailleurs proportionnel à $n^3 a^2$, n étant le moyen mouvement de l'astre et a le rayon de son orbite. Pour les planètes, en vertu de la loi de Kepler, l'effet varie donc en raison inverse de $\sqrt{a^5}$; il est donc insensible, sauf pour Mercure.

Il est insensible également pour la Lune, bien que n soit grand, parce que a est extrêmement petit; en somme, il est cinq fois plus petit pour Vénus, et six cents fois plus petit pour la Lune que pour Mercure. Ajoutons qu'en ce qui concerne Vénus et la Terre, le mouvement du périhélie (pour une même vitesse angulaire de ce mouvement) serait beaucoup plus difficile à déceler par les observations astronomiques, parce que l'excentricité des orbites est beaucoup plus faible que pour Mercure.

En résumé, *le seul effet sensible sur les observations astronomiques serait un mouvement du périhélie de Mercure, de même sens que celui qui a été observé sans être expliqué, mais notablement plus faible.*

Cela ne peut pas être regardé comme un argument en faveur de la nouvelle Dynamique, puisqu'il faudra toujours chercher une autre explication pour la plus grande partie de l'anomalie de Mercure; mais cela peut encore moins être regardé comme un argument contre elle.

III

LA THÉORIE DE LESAGE

Il convient de rapprocher ces considérations d'une théorie proposée depuis longtemps pour expliquer la gravitation universelle. Supposons que, dans les espaces interplanétaires, circulent dans tous les sens, avec de très grandes vitesses, des corpuscules très ténus. Un corps isolé dans l'espace ne sera pas affecté, en apparence, par les chocs de ces corpuscules, puisque ces chocs se répartissent également dans toutes les directions. Mais, si deux corps A et B sont en présence, le corps B jouera le rôle d'écran et interceptera une partie des corpuscules qui, sans lui, auraient frappé A. Alors, les chocs reçus par A dans la direction opposée à celle de B n'auront plus de contre-partie, ou ne seront plus qu'imparfaitement compensés, et ils pousseront A vers B.

Telle est la théorie de Lesage; et nous allons la discuter en nous plaçant d'abord au point de vue de la Mécanique ordinaire. Comment, d'abord, doivent avoir lieu les chocs prévus par cette théorie; est-ce d'après les lois des corps parfaitement élastiques, ou d'après celles des corps dépourvus d'élasticité, ou d'après une loi intermédiaire? Les corpuscules de Lesage ne peuvent se comporter comme des corps parfaitement élastiques; sans cela, l'effet serait nul, parce que les corpuscules interceptés par le corps B seraient remplacés par d'autres qui auraient rebondi sur B, et que le calcul prouve que la compensation serait parfaite.

Il faut donc que le choc fasse perdre de l'énergie aux corpuscules, et cette énergie devrait se retrouver sous forme de chaleur. Mais quelle serait la quantité de chaleur ainsi produite? Observons que l'attraction passe à travers les corps; il faut donc nous représenter la Terre, par exemple, non pas comme un écran plein, mais comme formée d'un très grand nombre de molécules sphériques très petites, qui jouent individuellement le rôle de petits écrans, mais entre lesquelles les corpuscules de Lesage peuvent circuler librement. Ainsi, non seulement la Terre n'est pas un écran plein, mais ce n'est pas même une passoire, puisque les vides y tiennent beaucoup plus de place que les pleins. Pour nous en rendre compte, rappelons que Laplace a démontré que l'attraction, en traversant la terre, est affaiblie tout au plus d'un dix-millionième, et sa démonstration ne laisse rien à désirer : si, en effet, l'attraction était absorbée par les corps qu'elle traverse, elle ne serait plus proportionelle aux masses ; elle serait *relativement* plus faible pour les gros corps que pour les petits, puisqu'elle aurait une plus grande épaisseur à traverser. L'attraction du Soleil sur la Terre serait donc *relativement* plus faible que celle du Soleil sur la Lune, et il en résulterait, dans le mouvement de la Lune, une inégalité très sensible. Nous devons donc conclure, si nous adoptons la théorie de Lesage, que la surface totale des molécules sphériques qui composent la Terre est tout au plus la dix-millionième partie de la surface totale de la Terre.

Darwin a démontré que la théorie de Lesage ne conduit exactement à la loi de Newton qu'en supposant des corpuscules entièrement dénués d'élasticité. L'attraction exercée par la Terre sur une masse 1 à la distance 1 sera alors proportionnelle, à la fois, à la surface totale S des molécules sphériques qui la composent, à la vitesse v des corpuscules, à la racine carrée de la densité ρ du milieu formé par les corpuscules. La chaleur produite sera proportionnelle à S, à la densité ρ, et au cube de la vitesse v.

Mais il faut tenir compte de la résistance éprouvée par un corps qui se meut dans un pareil milieu ; il ne peut se mouvoir, en effet, sans aller au-devant de certains chocs, en fuyant, au contraire, devant ceux qui viennent dans la direction opposée, de sorte que la compensation réalisée à l'état de repos ne peut plus subsister. La résistance calculée est proportionnelle à S, à ρ et à v; or, on sait que les corps célestes se meuvent comme s'ils n'éprouvaient aucune résistance, et la précision des observations nous permet de fixer une limite à la résistance du milieu.

Cette résistance variant comme $S\rho v$, tandis que l'attraction varie comme $S\sqrt{\rho v}$, nous voyons que le rapport de la résistance au carré de l'attraction est en raison inverse du produit Sv.

Nous avons donc une limite inférieure du produit Sv. Nous avions déjà une limite supérieure de S (par l'absorption de l'attraction par les corps qu'elle traverse); nous avons donc une limite inférieure de la vitesse v, qui doit être au moins égale à 24.10^{17} fois celle de la lumière.

Nous pouvons en déduire ρ et la quantité de chaleur produite; cette quantité suffirait pour élever la température de 10^{26} degrés par seconde; la Terre recevrait dans un temps donné 10^{20} fois plus de chaleur que le Soleil n'en émet dans le même temps; je ne veux pas parler de la chaleur que le Soleil envoie à la Terre, mais de celle qu'il rayonne dans toutes les directions.

Il est évident que la Terre ne résisterait pas longtemps à un pareil régime.

On ne serait pas conduit à des résultats moins fantastiques si, contrairement aux vues de Darwin, on douait les corpuscules de Lesage d'une élasticité imparfaite sans être nulle. A la vérité, la force vive de ces corpuscules ne serait pas entièrement convertie en chaleur, mais l'attraction produite serait moindre également, de sorte que ce serait seulement la portion de cette force vive convertie en chaleur qui contribuerait à produire l'attraction et que cela reviendrait au même ; un emploi judicieux du théorème du viriel permettrait de s'en rendre compte.

On peut transformer la théorie de Lesage ; supprimons les corpuscules et imaginons que l'éther soit parcouru dans tous les sens par des ondes lumineuses venues de tous les points de l'espace. Quand un objet matériel reçoit une onde lumineuse, cette onde exerce sur lui une action mécanique due à la pression Maxwell-Bartholi, tout comme s'il avait reçu le choc d'un projectile matériel. Les ondes en question pourront donc jouer le rôle des corpuscules de Lesage. C'est là ce qu'admet, par exemple, M. Tommasina.

Les difficultés ne sont pas écartées pour cela ; la vitesse de propagation ne peut être que celle de la lumière et l'on est ainsi conduit, pour la résistance du milieu, à un chiffre inadmissible. D'ailleurs, si la lumière se réfléchit intégralement, l'effet est nul, tout comme dans l'hypothèse des corpuscules parfaitement élastiques. Pour qu'il y ait attraction, il faut que la lumière soit partiellement absorbée ; mais alors il y a production de chaleur. Les calculs ne diffèrent pas essentiellement de ceux qu'on fait dans la théorie de Lesage ordinaire, et le résultat conserve le même caractère fantastique.

D'un autre côté, l'attraction n'est pas absorbée par les corps qu'elle traverse, ou elle l'est à peine; il n'en est pas de même de la lumière que nous connaissons. La lumière qui produirait l'attraction newtonienne devrait être considérablement différente de la lumière ordinaire et être, par exemple, de très courte longueur d'onde. Sans compter que, si nos yeux étaient sensibles à cette lumière, le ciel entier devrait nous paraître beaucoup plus brillant que le Soleil, de telle sorte que le Soleil nous paraîtrait s'y détacher en noir, sans quoi le Soleil nous repousserait au lieu de nous attirer. Pour toutes ces raisons, la lumière qui permettrait d'expliquer l'attraction devrait se rapprocher beaucoup plus des rayons X de Röntgen que de la lumière ordinaire.

Et encore les rayons X ne suffiraient pas; quelque pénétrants qu'ils nous paraissent, ils ne sauraient passer à travers la Terre tout entière; il faudra donc imaginer des rayons X' beaucoup plus pénétrants que les rayons X ordinaires. Ensuite une portion de l'énergie de ces rayons X' devrait être détruite, sans quoi il n'y aurait pas d'attraction. Si l'on ne veut pas qu'elle soit transformée en chaleur, ce qui conduirait à une production de chaleur énorme, il faut admettre qu'elle est rayonnée dans tous les sens sous forme de rayons secondaires, que l'on pourra appeler X″ et qui devront être beaucoup plus pénétrants encore que les rayons X′, sans quoi ils troubleraient à leur tour les phénomènes d'attraction.

Telles sont les hypothèses compliquées auxquelles on est conduit quand on veut rendre viable la théorie de Lesage.

Mais tout ce que nous venons de dire suppose les lois ordinaires de la Mécanique. Les choses iront-elles mieux si nous admettons la nouvelle Dynamique? Et d'abord, pouvons-nous conserver le Principe de la Relativité? Donnons d'abord à la théorie de Lesage sa forme primitive et supposons l'espace sillonné par des corpuscules matériels; si ces corpuscules étaient parfaitement élastiques, les lois de leur choc seraient conformes à ce Principe de Relativité, mais nous savons qu'alors leur effet serait nul. Il faut donc supposer que ces corpuscules ne sont pas élastiques, et alors il est difficile d'imaginer une loi de choc compatible avec le Principe de la Relativité. D'ailleurs, on trouverait encore une production de chaleur considérable, et cependant une résistance du milieu très sensible.

Si nous supprimons les corpuscules et si nous revenons à l'hypothèse de la pression Maxwell-Bartholi, les difficultés ne seront pas moindres. C'est ce qu'a tenté Lorentz lui-même dans son Mémoire à l'Academie des Sciences d'Amsterdam du 25 avril 1900.

Considérons un système d'électrons plongés dans un éther parcouru en tous sens par des ondes lumineuses; un de ces électrons, frappé par l'une de ces ondes, va entrer en vibration; sa vibration va être synchrone de celle de la lumière; mais il pourra y avoir une différence de phase, si l'électron absorbe une partie de l'énergie, incidente. Si, en effet, il absorbe de l'énergie, c'est que c'est la vibration de l'éther qui *entraîne* l'électron; l'électron doit donc être en retard sur l'éther. Un électron en mouvement est assimilable à un courant de convection; donc tout champ magnétique, en particulier celui qui est dû à la perturbation lumineuse elle-même, doit exercer une action mécanique sur cet électron. Cette action est très faible; de plus, elle change de signe dans le courant de la période; néanmoins, l'action moyenne n'est pas nulle s'il y a une différence de phase entre les vibrations de l'électron et celles de l'éther. L'action moyenne est proportionnelle à cette différence, par conséquent à l'énergie absorbée par l'électron.

Je ne puis entrer ici dans le détail des calculs; disons seulement que le résultat final est une attraction de deux électrons quelconques, variant en raison inverse du carré des distances et proportionnelle à l'énergie absorbée par les deux électrons.

Il ne peut donc y avoir d'attraction sans absorption de lumière et, par conséquent, sans production de chaleur, et c'est ce qui a déterminé Lorentz à abandonner cette théorie, qui ne diffère pas au fond de celle de Lesage-Maxwell-Bartholi. Il aurait été beaucoup plus effrayé encore s'il avait poussé le calcul jusqu'au bout. Il aurait trouvé que la température de la Terre devrait s'accroître de 10^{12} degrés par seconde.

IV

CONCLUSIONS

Je me suis efforcé de donner en peu de mots une idée aussi complète que possible de ces nouvelles doctrines; j'ai cherché à expliquer comment elles avaient pris naissance, sans quoi le lecteur aurait eu lieu d'être effrayé par leur hardiesse. Les théories nouvelles ne sont pas encore démontrées; il s'en faut de beaucoup; elles s'appuient seulement sur un ensemble assez sérieux de probabilités pour qu'on n'ait pas le droit de les traiter par le mépris.

De nouvelles expériences nous apprendront, sans doute, ce qu'on en doit définitivement penser. Le nœud de la question est dans l'expérience de Kaufmann et celles qu'on pourra tenter pour la vérifier.

Qu'on me permette un vœu, pour terminer. Supposons que, d'ici quelques années, ces théories subissent de nouvelles épreuves et qu'elles en triomphent; notre enseignement secondaire courra alors un grand danger : quelques professeurs voudront, sans doute, faire une place aux nouvelles théories. Les nouveautés sont si attrayantes, et il est si dur de ne pas sembler assez avancé! Au moins, on voudra ouvrir aux enfants des aperçus et, avant de leur enseigner la mécanique ordinaire, on les avertira qu'elle a fait son temps et qu'elle était bonne tout au plus pour cette vieille ganache de Laplace. Et alors, ils ne prendront pas l'habitude de la Mécanique ordinaire.

Est-il bon de les avertir qu'elle n'est qu'approchée? Oui; mais plus tard, quand ils s'en seront pénétrés jusqu'aux moelles, quand ils auront pris le pli de ne penser que par elle, quand ils ne risqueront plus de la désapprendre, alors on pourra, sans inconvénient, leur en montrer les limites.

C'est avec la Mécanique ordinaire qu'ils doivent vivre; c'est la seule qu'ils auront jamais à appliquer; quels que soient les progrès de l'automobilisme, nos voitures n'atteindront jamais les vitesses où elle n'est plus vraie. L'autre n'est qu'un luxe, et l'on ne doit penser au luxe que quand il ne risque plus de nuire au nécessaire.

LIVRE IV

LA SCIENCE ASTRONOMIQUE

CHAPITRE I

La voie lactée et la théorie des gaz.

Les considérations que je veux développer ici ont peu attiré jusqu'ici l'attention des astronomes ; je n'aurais guère à citer qu'une idée ingénieuse de lord Kelvin, qui nous a ouvert un nouveau champ de recherches, mais qui attend encore qu'on l'y suive. Je n'ai pas non plus de résultats originaux à faire connaître, et tout ce que je puis faire, c'est de donner une idée des problèmes qui se posent, mais que personne jusqu'à ce jour ne s'est préoccupé de résoudre.

Tout le monde sait comment un grand nombre de physiciens modernes se représentent la constitution des gaz ; les gaz sont formés d'une multitude innombrable de molécules qui, animées de grandes vitesses, se croisent et s'entrecroisent dans tous les sens. Ces molécules agissent probablement à distance les unes sur les autres, mais cette action décroît très rapidement avec la distance, de sorte que leurs trajectoires restent sensiblement rectilignes; elles ne cessent de l'être que quand deux molécules viennent à passer assez près l'une de l'autre; dans ce cas, leur attraction ou leur répulsion mutuelle les fait dévier à droite ou à gauche. C'est ce qu'on appelle quelquefois un choc; mais il n'y a pas lieu d'entendre ce mot *choc* dans son sens habituel; il n'est pas nécessaire que les deux molécules viennent en contact, il suffit qu'elles approchent assez l'une de l'autre pour que leurs attractions mutuelles deviennent sensibles. Les lois de la déviation qu'elles subissent sont les mêmes que s'il y avait eu choc véritable.

Il semble d'abord que les chocs désordonnés de cette innombrable poussière ne peuvent engendrer qu'un chaos inextricable devant lequel l'analyste doit reculer. Mais la loi des grands nombres, cette loi suprême du hasard, vient à notre aide; en face d'un demi-désordre, nous devions désespérer, mais dans le désordre extrême, cette loi statistique rétablit une sorte d'ordre moyen où l'esprit peut se reprendre. C'est l'étude de cet ordre moyen qui constitue la théorie cinétique des gaz; elle nous montre que les vitesses des molécules sont également réparties entre toutes les directions, que la grandeur de ces vitesses varie d'une molécule à l'autre, mais que cette variation même est soumise à une loi, dite loi de Maxwell. Cette loi nous apprend combien il y a de molécules animées de telle ou telle vitesse. Dès que le gaz s'écarte de cette loi, les chocs mutuels des molécules, en modifiant la grandeur et la direction de leurs vitesses, tendent à l'y ramener promptement. Les physiciens se sont efforcés, non sans succès, d'expliquer de cette manière les propriétés expérimentales des gaz, par exemple la loi de Mariotte.

Considérons maintenant la Voie Lactée; là aussi nous voyons une poussière innombrable, seulement les grains de cette poussière ne sont plus des atomes, ce sont des astres, ces grains se meuvent aussi avec de grandes vitesses; ils agissent à distance les uns sur les autres, mais cette action est si faible à grande distance que leurs trajectoires sont rectilignes; et cependant, de temps en temps, deux d'entre eux peuvent s'approcher assez pour être déviés de leur route, comme une comète qui a passé trop près de Jupiter. En un mot, aux yeux d'un géant pour qui nos Soleils seraient pour nous nos atomes, la Voie Lactée ne semblerait qu'une bulle de gaz.

Telle a été l'idée directrice de lord Kelvin. Que pouvons-nous tirer de cette comparaison? Dans quelle mesure est-elle exacte? C'est ce que nous allons rechercher ensemble; mais avant d'arriver à une conclusion définitive, et sans vouloir la préjuger, nous pressentons que la théorie cinétique des gaz sera pour l'astronome un modèle qu'il ne devra pas suivre aveuglément, mais dont il pourra utilement s'inspirer. Jusqu'à présent, la Mécanique céleste ne s'est attaquée qu'au système solaire, ou à quelques systèmes d'étoiles doubles. Devant cet ensemble présenté par la Voie Lactée, ou les amas d'étoiles, ou les nébuleuses résolubles, elle reculait, parce qu'elle n'y voyait que le chaos. Mais la Voie Lactée n'est pas plus compliquée qu'un gaz ; les méthodes statistiques fondées sur le calcul des probabilités applicables à celui-ci, le sont aussi à celle-là. Avant tout, il importe de se rendre compte de la ressemblance des deux cas, et de leur différence.

Lord Kelvin s'est efforcé de déterminer par ce moyen les dimensions de la Voie Lactée ; on en est réduit pour cela à compter les étoiles visibles dans nos télescopes ; mais nous ne sommes pas sûrs que derrière les étoiles que nous voyons, il n'y en a pas d'autres que nous ne voyons pas ; de sorte que ce que nous mesurerions de cette manière, ce ne serait pas la grandeur de la Voie Lactée, ce serait la portée de nos instruments. La théorie nouvelle va nous offrir d'autres ressources. En effet, nous connaissons les mouvements des étoiles les plus voisines de nous, et nous pouvons nous faire une idée de la grandeur et de la direction de leurs vitesses. Si les

idées exposées plus haut sont exactes, ces vitesses
doivent suivre la loi de Maxwell, et leur valeur
moyenne nous fera connaître, pour ainsi dire, ce
qui correspond à la température de notre gaz fictif.
Mais cette température dépend elle-même des
dimensions de notre bulle gazeuse. Comment va, en
effet, se comporter une masse gazeuse abandonnée
dans le vide, si ses éléments s'attirent d'après la loi
de Newton? Elle va prendre la forme sphérique ; de
plus, par suite de la gravitation, la densité va être
plus grande au centre, la pression croitra aussi de
la superficie au centre à cause du poids des parties
extérieures attirées vers le centre ; enfin, la température croitra vers le centre : la température et la
pression étant liées par la loi dite adiabatique,
comme il arrive dans les couches successives de
notre atmosphère. A la surface même, la pression
sera nulle, et il en sera de même de la température
absolue, c'est-à-dire de la vitesse des molécules.

Une question se pose ici : j'ai parlé de la loi
adiabatique, mais cette loi n'est pas la même pour
tous les gaz, puisqu'elle dépend du rapport de leurs
deux chaleurs spécifiques ; pour l'air et les gaz analogues, ce rapport est de 1,42 ; mais est-ce à l'air
qu'il conviendrait d'assimiler la Voie Lactée ?
Evidemment non ; elle devrait être regardée comme
un gaz monoatomique, comme la vapeur de mercure,
comme l'argon, comme l'hélium, c'est-à-dire que le
rapport des chaleurs spécifiques devrait être pris

égal à 1,66. Et, en effet, une de nos molécules ce serait par exemple le système solaire ; mais les planètes sont de bien petits personnages, le Soleil seul compte, de sorte que notre molécule est bien monoatomique. Et si nous prenons même une étoile double, il est probable que l'action d'un astre étranger qui viendrait à en approcher deviendrait assez sensible pour dévier le mouvement de translation général du système bien avant d'être capable de troubler les orbites relatives des deux composantes ; l'étoile double, en un mot, se comporterait comme un atome indivisible.

Quoi qu'il en soit, la pression, et par conséquent la température, au centre de la sphère gazeuse seraient d'autant plus grandes que la sphère serait plus grosse, puisque la pression s'accroît du poids de toutes les couches superposées. Nous pouvons supposer que nous sommes à peu près au centre de la Voie Lactée, et en observant la vitesse moyenne propre des étoiles, nous connaîtrons ce qui correspond à la température centrale de notre sphère gazeuse et nous déterminerons son rayon.

Nous pouvons nous faire une idée du résultat par les considérations suivantes : faisons une hypothèse plus simple : la Voie Lactée est sphérique, et les masses y sont réparties d'une façon homogène ; il en résulte que les astres y décrivent des ellipses ayant même centre. Si nous supposons que la vitesse s'annule à la surface, nous pouvons calculer cette vitesse au centre par l'équation des forces vives. Nous trouvons ainsi que cette vitesse est proportionnelle au rayon de la sphère et à la racine carrée de sa densité. Si la masse de cette sphère était celle du Soleil et son rayon celui de l'orbite terrestre, cette vitesse serait (il est aisé de le voir) celle de la Terre sur son orbite. Mais dans le cas que nous avons supposé, la masse du Soleil devrait être répartie dans une sphère de rayon 1 000 000 de fois plus grand, ce rayon étant la distance des étoiles les plus rapprochées ; la densité est donc 10^{18} fois plus petite ; or, les vitesses sont du même ordre, donc il faut que le rayon soit 10^9 fois plus grand, soit 1000 fois la distance des étoiles les plus rapprochées, ce qui ferait environ un milliard d'étoiles dans la Voie Lactée.

Mais vous allez dire que ces hypothèses s'écartent beaucoup de la réalité ; d'abord, la Voie Lactée n'est pas sphérique et nous allons revenir bientôt sur ce point, et ensuite la théorie cinétique des gaz n'est pas compatible avec l'hypothèse d'une sphère homogène. Mais en faisant le calcul exact conformément à cette théorie, on trouverait un résultat différent sans doute, mais du même ordre de grandeur ; or, dans un pareil problème, les données sont si incertaines que l'ordre de grandeur est le seul but que nous puissions viser.

Et ici une première remarque se présente ; le résultat de lord Kelvin que je viens de retrouver par un calcul approximatif, concorde sensiblement avec les évaluations que les observateurs ont pu faire avec leurs télescopes; de sorte qu'il faudrait conclure que nous sommes tout près de percer la Voie Lactée. Mais cela nous permet de résoudre une autre question. Il y a les étoiles que nous voyons parce qu'elles brillent; mais ne pourrait-il y avoir des astres obscurs qui circuleraient dans les espaces interstellaires et dont l'existence pourrait rester longtemps ignorée? Mais alors, ce que nous donnerait la méthode de lord Kelvin, ce serait le nombre total des étoiles, en y comprenant les étoiles obscures; comme son chiffre est comparable à celui que donne le télescope, c'est qu'il n'y a pas de matière obscure, ou du moins qu'il n'y en a pas tant que de matière brillante.

Avant d'aller plus loin, nous devons envisager le problème sous un autre biais. La Voie Lactée ainsi constituée est-elle bien l'image d'un gaz proprement dit? On sait que Crookes a introduit la notion d'un quatrième état de la matière, où les gaz devenus trop raréfiés ne sont plus de vrais gaz et deviennent ce qu'il appelle la matière radiante. La Voie Lactée, vu la faiblesse de sa densité, sera-t-elle l'image de la matière gazeuse ou celle de la matière radiante? Ce sera la considération de ce qu'on appelle le *libre parcours* qui nous fournira la réponse.

La trajectoire d'une molécule gazeuse peut être regardée comme formée de segments rectilignes raccordés par des arcs très petits correspondant aux chocs successifs. La longueur de chacun de ces segments est ce qu'on appelle le libre parcours; cette longueur n'est pas la même, bien entendu, pour tous les segments et pour toutes les molécules; mais on peut prendre une moyenne; c'est ce que l'on appelle le *parcours moyen*. Celui-ci est d'autant plus grand que la densité du gaz est plus faible. La matière sera radiante si le parcours moyen est plus grand que les dimensions du vase où le gaz est enfermé, de façon qu'une molécule ait chance de parcourir le vase entier sans subir de choc; elle reste gazeuse dans le cas contraire. Il résulte de là qu'un même fluide peut être radiant dans un petit vase et gazeux dans un grand vase; c'est peut-être pour cela que, dans un tube de Crookes, il faut pousser le vide d'autant plus loin que le tube est plus grand.

Qu'arrive-t-il alors pour la Voie Lactée? C'est une masse de gaz dont la densité est très faible, mais dont les dimensions sont très grandes; une étoile a-t-elle des chances de la traverser sans subir de choc, c'est-à-dire sans passer assez près d'une autre étoile pour être sensiblement déviée de sa route? Qu'entendons-nous par *assez près*? Cela est forcément un peu arbitraire; mettons que cela soit la distance du Soleil à Neptune, ce qui représenterait une déviation d'une dizaine de degrés; supposons donc chacune de nos étoiles enveloppée d'une sphère de garde de ce rayon ; une droite pourra-t-elle passer entre ces sphères ? A la distance moyenne des étoiles de la Voie Lactée, le rayon de ces sphères sera vu sous un angle d'un dixième de seconde environ ; et nous avons un milliard d'étoiles. Plaçons sur la sphère céleste un milliard de petits cercles d'un dixième de seconde de rayon. Avons-nous des chances pour que ces cercles recouvrent un grand nombre de fois la sphère céleste ? Loin de là ; ils n'en recouvriront que la seize millième partie. Ainsi, la Voie Lactée n'est pas l'image de la matière gazeuse, mais celle de la matière radiante de Crookes. Néanmoins, comme nos conclusions précédentes sont heureusement très peu précises, nous n'avons pas à les modifier sensiblement.

Mais il y a une autre difficulté : la Voie Lactée n'est pas sphérique, et nous avons jusqu'ici raisonné comme si elle l'était, puisque c'est là la forme d'équilibre que prendrait un gaz isolé dans l'espace. Il existe, en revanche, des amas d'étoiles dont la forme est globulaire et auxquels s'appliquerait mieux ce que nous venons de dire jusqu'ici. Herschel s'était déjà préoccupé d'expliquer leurs remarquables apparences. Il supposait que les étoiles des amas sont uniformément distribuées, de telle façon qu'un amas soit une sphère homogène ; chaque étoile décrirait alors une ellipse et toutes ces orbites seraient parcourues dans le même temps, de sorte qu'au bout d'une période, l'amas retrouverait sa configuration primitive et que cette configuration serait stable. Malheureusement, les amas ne paraissent pas homogènes ; on observe une condensation au centre, on l'observerait quand même la sphère serait homogène, puisqu'elle est plus épaisse au centre ; mais elle ne serait pas aussi accentuée. On peut donc plutôt comparer un amas à un gaz en équilibre adiabatique et qui prend la forme sphérique parce que c'est la figure d'équilibre d'une masse gazeuse.

Mais, direz-vous, ces amas sont beaucoup plus petits que la Voie Lactée, dont ils font même probablement partie, et bien qu'ils soient plus denses, ils nous donneront plutôt quelque chose d'analogue à de la matière radiante ; or, les gaz n'atteignent leur équilibre adiabatique que par suite des chocs innombrables des molécules. Il y aurait peut-être moyen d'arranger cela. Supposons que les étoiles de l'amas aient justement assez d'énergie pour que leur vitesse s'annule quand elles arrivent à la surface ; alors, elles pourront traverser l'amas sans choc, mais arrivées à la surface, elles reviendront en arrière et le traverseront de nouveau ; après un grand nombre de traversées, elles finiront par être déviées par un choc ; dans ces conditions, nous aurions encore une matière que l'on pourrait regarder comme gazeuse ; si par hasard il y avait eu dans l'amas des étoiles dont la vitesse était plus grande, elles en sont sorties depuis longtemps, elles l'ont quitté pour n'y plus revenir. Pour toutes ces raisons, il serait curieux d'examiner les amas connus, de chercher à se rendre compte de la loi des densités et de voir si c'est la loi adiabatique des gaz.

Mais revenons à la Voie Lactée ; elle n'est pas sphérique et on se la représenterait plutôt comme un disque aplati. Il est clair alors qu'une masse partie sans vitesse de la surface arrivera au centre avec des vitesses différentes, suivant qu'elle sera partie de la surface dans le voisinage du milieu du disque ou bien du bord du disque ; la vitesse serait notablement plus grande dans le dernier cas.

Or, jusqu'à présent, nous avons admis que les vitesses propres des étoiles, celles que nous observons, doivent être comparables à celles qu'atteindraient de semblables masses ; ceci entraîne un certain embarras. Nous avons donné plus haut une valeur pour les dimensions de la Voie Lactée, et nous l'avons déduite des vitesses propres observées qui sont du même ordre de grandeur que celle de la Terre sur l'orbite ; mais quelle est la dimension que nous avons mesurée ainsi ? Est-ce l'épaisseur ? est-ce le rayon du disque ? C'est sans doute quelque chose d'intermédiaire ; mais que pouvons-nous dire alors de l'épaisseur elle-même, ou du rayon du disque ? Les données me manquent pour faire le calcul ; je me borne à vous faire entrevoir la possibilité de fonder une évaluation au moins approchée sur une discussion approfondie des mouvements propres.

Et alors nous nous trouvons en présence de deux hypothèses : ou bien les étoiles de la Voie Lactée sont animées de vitesses qui sont en majorité parallèles au plan galactique, mais d'ailleurs distribuées uniformément dans tous les sens parallèlement à ce plan. S'il en est ainsi, l'observation des mouvements propres doit nous révéler une prépondérance des composantes parallèles à la Voie Lactée ; c'est à voir, car je ne sais si une discussion systématique a été faite à ce point de vue. D'autre part, un pareil équilibre ne saurait être que provisoire, car par suite des chocs, les molécules, je veux dire les astres, vont acquérir à la longue des vitesses notables dans le sens perpendiculaire à la Voie Lactée et finiront par sortir de son plan, de sorte que le système tendra vers la forme sphérique, seule figure d'équilibre d'une masse gazeuse isolée.

Ou bien le système tout entier est animé d'une rotation commune, et c'est pour cette raison qu'il est aplati comme la Terre, comme Jupiter, comme tous les corps qui tournent. Seulement, comme l'aplatissement est considérable, il faut que la rotation soit rapide ; rapide sans doute, mais il faut s'entendre sur le sens de ce mot. La densité de la Voie Lactée est de 10^{25} fois plus faible que celle du Soleil ; une vitesse de rotation qui sera $\sqrt{10^{25}}$ fois plus petite que celle du Soleil, lui serait donc équivalente au point de vue de l'aplatissement; une vitesse 10^{12} plus lente que celle de la Terre, soit un trentième de seconde d'arc par siècle, sera une rotation très rapide, presque trop rapide pour que l'équilibre stable soit possible.

Dans cette hypothèse, les mouvements propres observables nous paraîtront uniformément distribués et il n'y aura plus de prépondérance pour les composantes parallèles au plan galactique. Ils ne nous apprendront rien sur la rotation elle-même, puisque nous faisons partie du système tournant. Si les nébuleuses spirales sont d'autres Voies Lactées, étrangères à la nôtre, elles ne sont pas entraînées dans cette rotation, et l'on pourrait étudier leurs mouvements propres. Il est vrai qu'elles sont très éloignées; si une nébuleuse a les dimensions de la Voie Lactée et si son rayon apparent est par exemple de 20″, sa distance est 10000 fois le rayon de la Voie Lactée.

Mais cela ne fait rien, puisque ce n'est pas sur la translation de notre système que nous leur demandons des renseignements, mais sur sa rotation. Les étoiles fixes, par leur mouvement apparent, nous révèlent bien la rotation diurne de la Terre, bien que leur distance soit immense. Malheureusement, la rotation possible de la Voie Lactée, si rapide qu'elle soit relativement, est bien lente au point de vue absolu, et d'ailleurs les pointés sur les nébuleuses ne peuvent être très précis; il faudrait donc des milliers d'années d'observations pour apprendre quelque chose.

Quoi qu'il en soit, dans cette deuxième hypothèse, la figure de la Voie Lactée serait une figure d'équilibre définitif.

Je ne discuterai pas plus longtemps la valeur relative de ces deux hypothèses parce qu'il y en a une troisième qui est peut-être plus vraisemblable. On sait que parmi les nébuleuses irrésolubles, on peut distinguer plusieurs familles : les nébuleuses irrégulières comme celle d'Orion, les nébuleuses planétaires et annulaires, les nébuleuses spirales. Les spectres des deux premières familles ont été déterminés, ils sont discontinus; ces nébuleuses ne sont donc pas formées d'étoiles; d'ailleurs leur distribution sur le ciel paraît dépendre de la Voie Lactée; soit qu'elles aient une tendance à s'en éloigner, soit au contraire à s'en rapprocher, elles font donc partie du système. Au contraire, les nébuleuses spirales sont généralement considérées comme indépendantes de la Voie Lactée; on admet qu'elles sont comme elle formées d'une multitude d'étoiles, que ce sont, en un mot, d'autres Voies Lactées très éloignées de la nôtre. Les travaux récents de Stratonoff tendent à nous faire regarder la Voie Lactée elle-même comme une nébuleuse spirale, et c'est là la troisième hypothèse dont je voulais vous parler.

Comment expliquer les apparences si singulières présentées par les nébuleuses spirales, et qui sont trop régulières et trop constantes pour être dues au hasard? Tout d'abord, il suffit de jeter les yeux sur une de ces images pour voir que la masse est en rotation; on peut même voir quel est le sens de la rotation; tous les rayons spiraux sont courbés dans le même sens; il est évident que c'est l'*aile marchante* qui est en retard sur le *pivot* et cela détermine le sens de la rotation. Mais ce n'est pas tout; il est clair que ces nébuleuses ne peuvent pas être assimilées à un gaz en repos, ni même à un gaz en équilibre relatif sous l'empire d'une rotation uniforme; il faut les comparer à un gaz en mouvement permanent dans lequel règnent des courants intestins.

Supposons, par exemple, que la rotation du noyau central soit rapide (vous savez ce que j'entends par ce mot), trop rapide pour l'équilibre stable; alors à l'équateur la force centrifuge l'emportera sur l'attraction, et les étoiles vont tendre à s'évader par l'équateur et formeront des courants divergents; mais en s'éloignant, comme leur mouvement de rotation reste constant, et que le rayon vecteur augmente, leur vitesse angulaire va diminuer, et c'est pour cela que l'aile marchante semble en retard.

Dans cette manière de voir, il n'y aurait pas un véritable mouvement permanent, le noyau central perdrait constamment de la matière qui s'en irait pour ne plus revenir et se viderait progressivement.

Mais nous pouvons modifier l'hypothèse. A mesure qu'elle s'éloigne, l'étoile perd sa vitesse et finit par s'arrêter; à ce moment l'attraction la ressaisit et la ramène vers le noyau; il y aura donc des courants centripètes. Il faut admettre que les courants centripètes sont au premier rang et les courants centrifuges au deuxième rang, si nous reprenons la comparaison avec une troupe en bataille qui exécute une conversion; et, en effet, il faut que la force centrifuge composée soit compensée par l'attraction exercée par les couches centrales de l'essaim sur les couches extrêmes.

D'ailleurs, au bout d'un certain temps, un régime permanent s'établit; l'essaim s'étant courbé, l'attraction exercée sur le pivot par l'aile marchante tend à ralentir le pivot et celle du pivot sur l'aile marchante tend à accélérer la marche de cette aile qui n'augmente plus son retard, de sorte que finalement tous les rayons finissent par tourner avec une vitesse uniforme. On peut admettre toutefois que la rotation du noyau est plus rapide que celle des rayons.

Une question subsiste; pourquoi ces essaims centripètes et centrifuges tendent-ils à se concentrer en rayons au lieu de se disséminer un peu partout? Pourquoi ces rayons se répartissent-ils régulièrement? Si les essaims se concentrent, c'est à cause de l'attraction exercée par les essaims déjà existants sur les étoiles qui sortent du noyau dans leur voisinage. Dès qu'une inégalité s'est produite, elle tend à s'accentuer par cette cause.

Pourquoi les rayons se répartissent-ils régulièrement? Cela est plus délicat. Supposons qu'il n'y ait pas de rotation, que tous les astres soient dans deux plans rectangulaires de façon que leur distribution soit symétrique par rapport à ces deux plans. Par symétrie, il n'y aurait pas de raison pour qu'ils sortent de ces plans, ni pour que la symétrie s'altère. Cette configuration nous donnerait donc l'équilibre, mais *ce serait un équilibre instable*.

S'il y a rotation au contraire, nous trouverons une configuration d'équilibre analogue avec quatre rayons courbes, égaux entre eux et se coupant à 90°, et si la rotation est assez rapide, cet équilibre pourra être stable.

Je ne suis pas en état de préciser davantage : il me suffit de vous faire entrevoir que ces formes spirales pourront peut-être être expliquées un jour en ne faisant intervenir que la loi de gravitation et des considérations statistiques rappelant celles de la théorie des gaz.

Ce que je viens de vous dire des courants intestins vous montre qu'il pourra y avoir quelque intérêt à discuter systématiquement l'ensemble des mouvements propres ; c'est ce qu'on pourra entreprendre dans une centaine d'années, quand on fera la seconde édition de la Carte du ciel et qu'on la comparera à la première, celle que nous faisons maintenant.

Mais je voudrais, pour terminer, appeler votre attention sur une question, celle de l'âge de la Voie Lactée ou des Nébuleuses. Si ce que nous avons cru voir venait à se confirmer, nous pourrions nous en faire une idée. Cette espèce d'équilibre statistique dont les gaz nous donnent le modèle ne peut s'établir qu'à la suite d'un grand nombre de chocs. Si ces chocs sont rares, il ne pourra se produire qu'après un temps très long ; si réellement la Voie Lactée (ou au moins les amas qui en font partie), si les nébuleuses ont atteint cet équilibre, c'est qu'elles sont très vieilles, et nous aurons une limite inférieure de leur âge. Nous en aurions également une limite supérieure ; cet équilibre n'est pas définitif et ne saurait durer toujours. Nos nébuleuses spirales seraient assimilables à des gaz animés de mouvements permanents ; mais les gaz en mouvement sont visqueux et leurs vitesses finissent par s'user. Ce qui correspond ici à la viscosité (et qui dépend des chances de choc des molécules) est excessivement faible, de sorte que le régime actuel pourra persister pendant un temps extrêmement long, pas toujours cependant, de sorte que nos Voies Lactées ne pourront vivre éternellement ni devenir infiniment vieilles.

Et ce n'est pas tout. Considérons notre atmosphère : à la surface doit régner une température infiniment petite et la vitesse des molécules y est voisine de zéro. Mais il ne s'agit que de la vitesse

moyenne; par suite des chocs, une de ces molécules pourra acquérir (rarement il est vrai) une
vitesse énorme, et alors elle va sortir de l'atmosphère, et une fois sortie elle n'y rentrera plus;
notre atmosphère se vide donc ainsi avec une
extrême lenteur. La Voie Lactée va aussi de temps
en temps perdre une étoile par le même mécanisme,
et cela également limite sa durée.

Eh bien, il est certain que si nous supputons de
cette façon l'âge de la Voie Lactée, nous allons trouver des chiffres énormes. Mais ici une difficulté
se présente. Certains physiciens, se fondant sur
d'autres considérations, estiment que les Soleils ne
peuvent avoir qu'une existence éphémère, cinquante
millions d'années environ; notre minimum serait
bien plus grand que cela. Faut-il croire que l'évolution de la Voie Lactée a commencé quand la matière
était encore obscure? Mais comment les étoiles qui
la composent sont-elles arrivées toutes en même
temps à l'âge adulte, âge qui doit si peu durer? ou
bien doivent-elles y arriver toutes successivement,
et celles que nous voyons ne sont-elles qu'une faible
minorité auprès de celles qui sont éteintes ou qui
s'allumeront un jour? Mais comment concilier
cela avec ce que nous avons dit plus haut sur
l'absence de matière obscure en proportion nota-
ble? Devrons-nous abandonner l'une des deux
hypothèses, et laquelle? Je me borne à signaler
la difficulté sans prétendre la résoudre; je termi-

nerai donc sur un grand point d'interrogation. Aussi bien est-il intéressant de poser des problèmes, même quand la solution en semble bien lointaine.

CHAPITRE II

La Géodésie française.

———

Tout le monde comprend quel intérêt nous avons à connaître la forme et les dimensions de notre globe; mais quelques personnes s'étonneront peut-être de la précision que l'on recherche. Est-ce là un luxe inutile? A quoi servent les efforts qu'y dépensent les géodésiens?

Si l'on posait cette question à un parlementaire, j'imagine qu'il répondrait : « Je suis porté à croire que la géodésie est une des sciences les plus utiles; car c'est une de celles qui nous coûtent le plus cher. » Je voudrais essayer de vous faire une réponse un peu plus précise.

Les grands travaux d'art, ceux de la paix comme ceux de la guerre, ne peuvent être entrepris sans de longues études qui épargnent bien des tâtonnements, des mécomptes et des frais inutiles. Ces études ne peuvent se faire que sur une bonne carte. Mais une carte ne sera qu'une fantaisie sans aucune valeur si on veut la construire sans l'appuyer sur une ossature solide. Autant faire tenir debout un corps humain dont on aurait retiré le squelette.

Or, cette ossature, ce sont les mesures géodésiques qui nous la donnent; donc, sans géodésie, pas de bonne carte; sans bonne carte, pas de grands travaux publics.

Ces raisons suffiraient sans doute pour justifier bien des dépenses; mais ce sont des raisons propres à convaincre des hommes pratiques. Ce n'est pas sur celles-là qu'il convient d'insister ici; il y en a de plus hautes et, à tout prendre, de plus importantes.

Nous poserons donc la question autrement : la géodésie peut-elle nous aider à mieux connaître la nature? Nous en fait-elle comprendre l'unité et l'harmonie? Un fait isolé, en effet, n'a que peu de prix, et les conquêtes de la science n'ont de valeur que si elles en préparent de nouvelles.

Si donc on venait à découvrir une petite bosse sur l'ellipsoïde terrestre, cette découverte serait par elle-même sans grand intérêt. Elle deviendra précieuse, au contraire, si, en recherchant la cause de cette bosse, nous avons l'espoir de pénétrer de nouveaux secrets.

Eh bien! quand, au xviii⁰ siècle, Maupertuis et La Condamine affrontaient des climats si divers, ce n'était pas seulement pour connaître la forme de notre planète, il s'agissait du système du Monde tout entier.

Si la Terre était aplatie, Newton triomphait et avec lui la doctrine de la gravitation et toute la Mécanique céleste moderne.

Et aujourd'hui, un siècle et demi après la victoire des newtoniens, croit-on que la géodésie n'ait plus rien à nous apprendre?

Nous ne savons pas ce qu'il y a dans l'intérieur du globe. Les puits de mines et les sondages ont pu nous faire connaître une couche de 1 ou 2 kilomètres d'épaisseur, c'est-à-dire la millième partie de la masse totale; mais qu'y a-t-il dessous?

De tous les voyages extraordinaires rêvés par Jules Verne, c'est peut-être le voyage au centre de la Terre qui nous a conduits dans les régions les plus inexplorées.

Mais ces roches profondes, que nous ne pouvons atteindre, exercent au loin leur attraction qui agit sur le pendule et déforme le sphéroïde terrestre. La géodésie peut donc les peser de loin, pour ainsi dire, et nous renseigner sur leur répartition. Elle nous fera ainsi voir réellement ces mystérieuses régions que Jules Verne ne nous montrait qu'en imagination.

Ce n'est pas là un songe creux. M. Faye, en comparant toutes les mesures, est arrivé à un résultat bien fait pour nous surprendre. Sous les Océans, il y a dans les profondeurs des roches d'une très grande densité; sous les continents, au contraire, il y a des vides.

Des observations nouvelles modifieront peut-être ces conclusions dans les détails.

Notre vénéré doyen nous a, dans tous les cas, montré de quel côté il faut chercher et ce que le géodésien peut apprendre au géologue, curieux de connaître la constitution intérieure de la Terre, et même au penseur qui veut spéculer sur le passé et l'origine de cette planète.

Et, maintenant, pourquoi ai-je intitulé ce chapitre la *Géodésie française*? C'est que, dans chaque pays, cette science a pris, plus que toutes les autres peut-être, un caractère national. Il est aisé d'en apercevoir la raison.

Il faut bien qu'il y ait des rivalités. Les rivalités scientifiques sont toujours courtoises, ou du moins presque toujours; en tout cas, elles sont nécessaires, parce qu'elles sont toujours fécondes.

Eh bien! dans ces entreprises qui exigent de si longs efforts et tant de collaborateurs, l'individu s'efface, malgré lui, bien entendu; nul n'a le droit de dire : ceci est mon œuvre. Ce n'est donc pas entre les hommes, mais entre les nations que les rivalités s'exercent.

Nous sommes amenés ainsi à chercher quelle a été la part de la France. Cette part, je crois que nous avons le droit d'en être fiers.

Au début du XVIIIe siècle, de longues discussions s'élevèrent entre les newtoniens qui croyaient la Terre aplatie, ainsi que l'exige la théorie de la gravitation, et Cassini qui, trompé par des mesures inexactes, croyait notre globe allongé. L'observation directe pouvait seule trancher la question. Ce fut notre Académie des Sciences qui entreprit cette tâche, gigantesque pour l'époque.

Pendant que Maupertuis et Clairaut mesuraient un degré de méridien sous le cercle polaire, Bouguer et La Condamine se dirigeaient vers les montagnes des Andes, dans des régions soumises alors à l'Espagne et qui forment aujourd'hui la République de l'Équateur. Nos missionnaires s'exposaient à de grandes fatigues. Les voyages n'étaient pas aussi faciles qu'aujourd'hui.

Certes, le pays où opérait Maupertuis n'était pas un désert, et même il y goûta, dit-on, parmi les Laponnes, ces douces satisfactions du cœur que les vrais navigateurs arctiques ne connaissent pas. C'était à peu près la région où, de nos jours, de confortables steamers transportent, chaque été, des caravanes de touristes et de jeunes Anglaises. Mais, dans ce temps-là, l'agence Cook n'existait pas et Maupertuis croyait pour de bon avoir fait une expédition polaire.

Peut-être n'avait-il pas tout à fait tort. Les Russes et les Suédois poursuivent aujourd'hui des mesures analogues au Spitzberg, dans un pays où il y a de vraies banquises. Mais ils ont de tout autres ressources, et la différence des temps compense bien celle des latitudes.

Le nom de Maupertuis nous est parvenu fortement égratigné par les griffes du docteur Akakia; le savant avait eu le malheur de déplaire à Voltaire, qui était alors le roi de l'esprit. Il en fut d'abord loué outre mesure; mais les flatteries des rois sont aussi redoutables que leur disgrâce, car les lendemains en sont terribles. Voltaire lui-même en a su quelque chose.

Voltaire a appelé Maupertuis, mon aimable maître à penser, marquis du cercle polaire, cher aplatisseur du monde et de Cassini, et même, flatterie suprême, sir Isaac Maupertuis; il lui a écrit : « Il n'y a que le roi de Prusse que je mette de niveau avec vous; il ne lui manque que d'être géomètre ». Mais bientôt la scène change, il ne parle plus de le diviniser, comme autrefois les Argonautes, ou de faire descendre de l'Olympe le conseil des dieux pour contempler ses travaux, mais de l'enchaîner dans un asile d'aliénés. Il ne parle plus de son esprit sublime, mais de son orgueil despotique, doublé de très peu de science et de beaucoup de ridicule.

Je ne veux pas raconter ces luttes héroï-comiques; permettez-moi cependant quelques réflexions sur deux vers de Voltaire. Dans son *Discours sur la modération* (il ne s'agit pas de la modération dans les éloges et dans les critiques), le poète a écrit :

Vous avez confirmé dans des lieux pleins d'ennui
Ce que Newton connut sans sortir de chez lui.

Ces deux vers (qui remplaçaient les hyperboliques louanges de la première heure) sont fort injustes, et, sans nul doute, Voltaire était trop éclairé pour ne pas le comprendre.

Alors, on n'estimait que les découvertes que l'on peut faire sans sortir de chez soi.

Aujourd'hui, ce serait plutôt de la théorie qu'on ferait peu de cas. C'est là méconnaître le but de la science.

La nature est-elle gouvernée par le caprice, ou l'harmonie y règne-t-elle? voilà la question; c'est quand elle nous révèle cette harmonie que la science est belle et par là digne d'être cultivée. Mais d'où peut nous venir cette révélation, sinon de l'accord d'une théorie avec l'expérience? Chercher si cet accord a lieu ou s'il fait défaut, c'est donc là notre but. Dès lors, ces deux termes, que nous devons comparer l'un à l'autre, sont aussi indispensables l'un que l'autre. Négliger l'un pour l'autre serait un non-sens. Isolées, la théorie serait vide, l'expérience serait myope; toutes deux seraient inutiles et sans intérêt.

Maupertuis a donc droit à sa part de gloire. Certes, elle ne vaudra pas celle de Newton qui avait reçu l'étincelle divine; ni même celle de son collaborateur Clairaut. Elle n'est pas à dédaigner pourtant, parce que son œuvre était nécessaire, et si la France, devancée par l'Angleterre au xviie siècle, a si bien pris sa revanche au siècle suivant, ce n'est pas seulement au génie des Clairaut, des d'Alembert, des Laplace qu'elle le doit; c'est aussi à la longue patience des Maupertuis et des La Coudamine.

Nous arrivons à ce qu'on peut appeler la seconde période héroïque de la Géodésie. La France est déchirée à l'intérieur. Toute l'Europe est armée contre elle; il semblerait que ces luttes gigantesques dussent absorber toutes ses forces. Loin de là, il lui en reste encore pour servir la science. Les hommes de ce temps ne reculaient devant aucune entreprise, c'étaient des hommes de foi.

Delambre et Méchain furent chargés de mesurer un arc allant de Dunkerque à Barcelone. On ne va plus cette fois en Laponie ou au Pérou; les escadres ennemies nous en fermeraient les chemins. Mais, si les expéditions sont moins lointaines, l'époque est si troublée que les obstacles, les périls même sont tout aussi grands.

En France, Delambre avait à lutter contre le mauvais vouloir de municipalités soupçonneuses. On sait que les clochers qui se voient de si loin, et qu'on peut viser avec précision, servent souvent de signaux aux géodésiens. Mais dans le pays que Delambre traversait, il n'y avait plus de clochers. Je ne sait plus quel proconsul avait passé par là, et il se vantait d'avoir fait tomber tous les clochers qui s'élevaient orgueilleusement au-dessus de l'humble demeure des sans-culottes.

On éleva alors des pyramides de planches qu'on recouvrit de toile blanche pour les rendre plus visibles. Ce fut bien autre chose : de la toile blanche! Quel était ce téméraire qui, sur nos sommets récemment affranchis, osait arborer l'odieux étendard de la contre-révolution? Force fut de border la toile blanche de bandes bleues et rouges.

Méchain opérait en Espagne, les difficultés étaient autres; mais elles n'étaient pas moindres. Les paysans espagnols étaient hostiles. Là, on ne manquait pas de clochers : mais s'y installer avec des instruments mystérieux et peut-être diaboliques, n'était-ce pas un sacrilège? Les révolutionnaires étaient les alliés de l'Espagne, mais c'étaient des alliés qui sentaient un peu le fagot.

« Sans cesse, écrit Méchain, on menace de venir nous égorger. » Heureusement, grâce aux exhortations des curés, aux lettres pastorales des évêques, ces farouches Espagnols se contentèrent de menacer.

Quelques années après, Méchain fit une seconde expédition en Espagne : il se proposait de prolonger la méridienne de Barcelone jusqu'aux Baléares. C'était la première fois qu'on cherchait à faire franchir aux triangulations un large bras de mer en observant les signaux dressés sur quelque haute montagne d'une île éloignée. L'entreprise était bien conçue et bien préparée; elle échoua cependant. Le savant français rencontra toutes sortes de difficultés dont il se plaint amèrement dans sa correspondance.

« L'enfer, écrit-il, peut-être avec quelque exagération, l'enfer et tous les fléaux qu'il vomit sur la terre, les tempêtes, la guerre, la peste et les noires intrigues sont donc déchaînés contre moi ! »

Le fait est qu'il rencontra chez ses collaborateurs plus d'orgueilleux entêtement que de bonne volonté et que mille incidents retardèrent son travail. La peste n'était rien, la crainte de la peste était bien plus redoutable ; toutes ces îles se défiaient des îles voisines et craignaient d'en recevoir le fléau. Méchain n'obtint qu'après de longues semaines la permission de débarquer, à la condition de faire vinaigrer tous ses papiers ; c'était l'antisepsie du temps.

Dégoûté et malade, il venait de demander son rappel, quand il mourut.

Ce furent Arago et Biot qui eurent l'honneur de reprendre l'œuvre inachevée et de la mener à bonne fin.

Grâce à l'appui du gouvernement espagnol, à la protection de plusieurs évêques et surtout à celle d'un célèbre chef de brigands, les opérations avancèrent assez vite. Elles étaient heureusement terminées, et Biot était rentré en France quand la tempête éclata.

C'était le moment où l'Espagne entière prenait les armes pour défendre contre nous son indépendance. Pourquoi cet étranger montait-il sur les montagnes pour faire des signaux ? C'était évidemment pour appeler l'armée française. Arago ne put échapper à la populace qu’en se constituant prisonnier. Dans sa prison, il n’avait d’autre distraction que de lire dans les journaux espagnols le récit de sa propre exécution. Les journaux de ce temps-là donnaient quelquefois des nouvelles prématurées. Il eut du moins la consolation d’apprendre qu’il était mort avec courage et chrétiennement.

La prison elle-même n’était plus sûre, il dut s’évader et gagner Alger. Là, il s’embarque pour Marseille sur un navire algérien. Ce navire est capturé par un corsaire espagnol et voilà Arago ramené en Espagne et traîné de cachot en cachot, au milieu de la vermine et dans la plus affreuse misère.

S’il ne s’était agi que de ses sujets et de ses hôtes, le dey n’aurait rien dit. Mais il y avait à bord deux lions, présent que le souverain africain envoyait à Napoléon. Le dey menaça de la guerre.

Le navire et les prisonniers furent relâchés. Le point aurait dû être correctement fait, puisqu’il y avait un astronome à bord; mais l’astronome avait le mal de mer, et les marins algériens, qui voulaient aller à Marseille, abordèrent à Bougie. De là, Arago se rendit à Alger, traversant à pied la Kabylie au milieu de mille périls. Longtemps, il fut retenu en Afrique et menacé du bagne. Enfin, il put retourner en France; ses observations qu’il avait conservées sous sa chemise, et, ce qui est plus extraordinaire, ses instruments avaient traversé sans dommage ces terribles aventures.

Jusqu'ici, non seulement la France a occupé la première place, mais elle a tenu la scène presque seule. Dans les années qui suivirent, nous ne sommes pas restés inactifs et notre carte d'État-major est un modèle. Cependant les méthodes nouvelles d'observation et de calcul nous vinrent surtout d'Allemagne et d'Angleterre. C'est seulement depuis une quarantaine d'années que la France a repris son rang.

Elle le doit à un savant officier, le général Perrier, qui a exécuté avec succès une entreprise vraiment audacieuse, la jonction de l'Espagne et de l'Afrique. Des stations furent installées sur quatre sommets, sur les deux rives de la Méditerranée. Pendant de longs mois, on attendit une atmosphère calme et limpide. Enfin, on aperçut ce mince filet de lumière qui avait parcouru 300 kilomètres au-dessus des mers. L'opération avait réussi.

Aujourd'hui, on a conçu des projets plus hardis encore. D'une montagne voisine de Nice, on enverra des signaux en Corse, non plus en vue de déterminations géodésiques, mais pour mesurer la vitesse de la lumière. La distance n'est que de 200 kilomètres ; mais le rayon lumineux devra faire le voyage aller et retour, après s'être réfléchi sur un miroir placé en Corse. Et il ne faudra pas qu'il s'égare en route, car il doit revenir exactement au point de départ.

Depuis, l'activité de la géodésie française ne s'est

pas ralentie. Nous n'avons plus à raconter d'aussi étonnantes aventures ; mais l'œuvre scientifique accomplie est immense. Le territoire de la France d'outre-mer, comme celui de la métropole, se couvre de triangles mesurés avec précision.

On est devenu de plus en plus exigeant et ce que nos pères admiraient ne nous suffit plus aujourd'hui. Mais à mesure qu'on recherche plus d'exactitude, les difficultés s'accroissent considérablement ; nous sommes environnés de pièges et nous devons nous défier de mille causes d'erreur insoupçonnées. Il faut donc créer des instruments de plus en plus impeccables.

Là encore, la France ne s'est pas laissé distancer. Nos appareils pour la mesure des bases et des angles ne laissent rien à désirer, et je citerai aussi le pendule de M. le colonel Defforges, qui permet de déterminer la pesanteur avec une précision inconnue jusqu'ici.

L'avenir de la géodésie française est actuellement entre les mains du Service géographique de l'armée, successivement dirigé par le général Bassot et par le général Berthaut. On ne saurait trop s'en féliciter. Pour faire de la géodésie, les aptitudes scientifiques ne suffisent pas ; il faut être capable de supporter de longues fatigues sous tous les climats ; il faut que le chef sache obtenir l'obéissance de ses collaborateurs et l'imposer à ses auxiliaires indigènes. Ce sont là des qualités militaires. Du reste, on sait que, dans notre armée, la science a toujours marché de pair avec le courage.

J'ajoute qu'une organisation militaire assure l'unité d'action indispensable. Il serait plus difficile de concilier les prétentions rivales de savants jaloux de leur indépendance, soucieux de ce qu'ils appellent leur gloire, et qui devraient cependant opérer de concert, quoique séparés par de grandes distances. Entre les géodésiens d'autrefois, il y eut souvent des discussions dont quelques-unes soulevèrent de longs échos. L'Académie a longtemps retenti de la querelle de Bouguer et de La Condamine. Je ne veux pas dire que les militaires soient exempts de passions, mais la discipline impose silence aux amours-propres trop sensibles.

Plusieurs gouvernements étrangers ont fait appel à nos officiers pour organiser leur service géodésique : c'est la preuve que l'influence scientifique de la France au dehors ne s'est pas affaiblie.

Nos ingénieurs hydrographes apportent aussi à l'œuvre commune un glorieux contingent. Le lever de nos côtes, de nos colonies, l'étude des marées leur offrent un vaste champ de recherches. Je citerai enfin le nivellement général de la France qui s'exécute par les méthodes ingénieuses et précises de M. Lallemand.

Avec de tels hommes, nous sommes sûrs de l'avenir. Le travail ne leur manquera pas, du reste ; notre

empire colonial leur ouvre d'immenses espaces mal
explorés. Ce n'est pas tout : l'Association géodésique internationale a reconnu la nécessité d'une
mesure nouvelle de l'arc de Quito, déterminé jadis
par La Condamine. C'est la France qui a été chargée
de cette opération ; elle y avait tous les droits,
puisque nos ancêtres avaient fait, pour ainsi dire,
la conquête scientifique des Cordillères. Ces droits
n'ont, d'ailleurs, pas été contestés et notre gouvernement a tenu à les exercer.

MM. les capitaines Maurain et Lacombe ont exécuté une première reconnaissance, et la rapidité
avec laquelle ils ont accompli leur mission, en traversant des pays difficiles et en gravissant les sommets les plus escarpés, mérite tous les éloges. Elle
a fait l'admiration de M. le général Alfaro, prési-
dent de la République de l'Équateur, qui les a
surnommés « los hombres de hierro » les hommes
de fer.

La mission définitive partit ensuite sous le
commandement de M. le lieutenant-colonel (alors
commandant) Bourgeois. Les résultats obtenus
ont justifié les espérances que l'on avait con-
çues. Mais nos officiers ont rencontré des difficultés imprévues dues au climat. Plus d'une fois,
l'un d'eux a dû rester plusieurs mois à l'altitude
de 4000 mètres, dans les nuages et dans la neige,
sans rien apercevoir des signaux qu'il avait à viser et qui refusaient de se démasquer. Mais grâce

à leur persévérance et à leur courage, il n'en est résulté qu'un retard et un surcroît de dépenses, sans que l'exactitude des mesures ait eu à en souffrir.

CONCLUSIONS GÉNÉRALES

Ce que j'ai cherché à expliquer dans les pages qui précèdent, c'est comment le savant doit s'y prendre pour choisir entre les faits innombrables qui s'offrent à sa curiosité, puisque aussi bien la naturelle infirmité de son esprit l'oblige à faire un choix, bien qu'un choix soit toujours un sacrifice. Je l'ai expliqué d'abord par des considérations générales, en rappelant d'une part la nature du problème à résoudre et d'autre part en cherchant à mieux comprendre celle de l'esprit humain, qui est le principal instrument de la solution. Je l'ai expliqué ensuite par des exemples; je ne les ai pas multipliés à l'infini; moi aussi, j'ai dû faire un choix, et j'ai choisi naturellement les questions que j'avais le plus étudiées. D'autres que moi auraient sans doute fait un choix différent; mais peu importe, car je crois qu'ils seraient arrivés aux mêmes conclusions.

Il y a une hiérarchie des faits; les uns sont sans portée; ils ne nous enseignent rien qu'eux-mêmes. Le savant qui les a constatés n'a rien appris qu'un fait, et n'est pas devenu plus capable de prévoir des faits nouveaux. Ces faits-là, semble-t-il, se produisent une fois, mais ne sont pas destinés à se renouveler.

Il y a, d'autre part, des faits à grand rendement, chacun d'eux nous enseigne une loi nouvelle. Et puisqu'il faut faire un choix, c'est à ceux-ci que le savant doit s'attacher.

Sans doute cette classification est relative et dépend de la faiblesse de notre esprit. Les faits à petit rendement, ce sont les faits complexes, sur lesquels des circonstances multiples peuvent exercer une influence sensible, circonstances trop nombreuses et trop diverses, pour que nous puissions toutes les discerner. Mais je devrais dire plutôt que ce sont les faits que nous jugeons complexes, parce que l'enchevêtrement de ces circonstances dépasse la portée de notre esprit. Sans doute un esprit plus vaste et plus fin que le nôtre en jugerait-il différemment. Mais peu importe ; ce n'est pas de cet esprit supérieur que nous pouvons nous servir, c'est du nôtre.

Les faits à grand rendement, ce sont ceux que nous jugeons simples ; soit qu'ils le soient réellement, parce qu'ils ne sont influencés que par un petit nombre de circonstances bien définies, soit qu'ils prennent une apparence de simplicité, parce que les circonstances multiples dont ils dépendent obéissent aux lois du hasard et arrivent ainsi à se compenser mutuellement. Et c'est là ce qui arrive le plus souvent. Et c'est ce qui nous a obligés à examiner d'un peu près ce que c'est que le hasard. Les faits où les lois du hasard s'appliquent, deviennent accessibles au savant, qui se découragerait devant l'extraordinaire complication des problèmes où ces lois ne sont pas applicables.

Nous avons vu que ces considérations s'appliquent non seulement aux sciences physiques, mais aux sciences mathématiques. La méthode de démonstration n'est pas la même pour le physicien et pour le mathématicien. Mais les méthodes d'invention se ressemblent beaucoup. Dans un cas comme dans l'autre, elles consistent à remonter du fait à la loi, et à rechercher les faits susceptibles de conduire à une loi.

Pour mettre ce point en évidence, j'ai montré à l'œuvre l'esprit du mathématicien, et sous trois formes : l'esprit du mathématicien inventeur et créateur; celui du géomètre inconscient qui chez nos lointains ancêtres, ou dans les brumeuses années de notre enfance, nous a construit notre notion instinctive de l'espace; celui de l'adolescent à qui les maîtres de l'enseignement secondaire dévoilent les premiers principes de la science et cherchent à faire comprendre les définitions fondamentales. Partout nous avons vu le rôle de l'intuition et de l'esprit de généralisation sans lequel ces trois étages de mathématiciens, si j'ose m'exprimer ainsi, seraient réduits à une égale impuissance.

Et dans la démonstration elle-même, la logique n'est pas tout; le vrai raisonnement mathématique est une véritable induction, différente à bien des égards de l'induction physique, mais procédant comme elle du particulier au général. Tous les efforts qu'on a faits pour renverser cet ordre et pour ramener l'induction mathématique aux règles de la logique n'ont abouti qu'à des insuccès, mal dissimulés par l'emploi d'un langage inaccessible au profane.

Les exemples que j'ai empruntés aux sciences physiques nous ont montré des cas très divers de faits à grand rendement. Une expérience de Kaufmann sur les rayons du radium révolutionne à la fois la Mécanique, l'Optique et l'Astronomie. Pourquoi? C'est parce qu'à mesure que ces sciences se sont développées, nous avons mieux reconnu les liens qui les unissaient, et alors nous avons aperçu une espèce de dessin général de la carte de la science universelle. Il y a des faits communs à plusieurs sciences, qui semblent la source commune de cours d'eau divergeant dans toutes les directions et qui sont comparables à ce nœud du Saint-Gothard d'où sortent des eaux qui alimentent quatre bassins différents.

Et alors nous pouvons faire le choix des faits avec plus de discernement que nos devanciers qui regardaient ces bassins comme distincts et séparés par des barrières infranchissables.

Ce sont toujours des faits simples qu'il faut choisir, mais parmi ces faits simples nous devons préférer ceux qui sont placés à ces espèces de nœuds du Saint-Gothard dont je viens de parler.

Et quand les sciences n'ont pas de lien direct, elles s'éclairent encore mutuellement par l'analogie. Quand on a étudié les lois auxquelles obéissent les gaz, on savait qu'on s'attaquait à un fait de grand rendement; et pourtant on estimait encore ce rendement au-dessous de sa valeur, puisque les gaz sont, à un certain point de vue, l'image de la Voie Lactée, et que ces faits, qui ne semblaient intéressants que pour le physicien, ouvriront bientôt des horizons nouveaux à l'Astronomie qui ne s'y attendait guère.

Et enfin quand le géodésien voit qu'il faut déplacer sa lunette de quelques secondes pour viser un signal qu'il a planté à grand'peine, c'est là un bien petit fait; mais c'est un fait à grand rendement, non seulement parce que cela lui révèle l'existence d'une petite bosse sur le géoïde terrestre, cette petite bosse serait par elle-même sans grand intérêt, mais parce que cette bosse lui donne des indications sur la distribution de la matière à l'intérieur du globe et par là sur le passé de notre planète, sur son avenir, sur les lois de son développement.

FIN

TABLE DES MATIÈRES

LIVRE III

LA MÉCANIQUE NOUVELLE

LIVRE IV

LA SCIENCE ASTRONOMIQUE